Anatomia Geral e Odontológica

Nota: Assim como a medicina, a odontologia é uma ciência em constante evolução. À medida que novas pesquisas e a própria experiência clínica ampliam o nosso conhecimento, são necessárias modificações na terapêutica, onde também se insere o uso de medicamentos. Os autores desta obra consultaram as fontes consideradas confiáveis, num esforço para oferecer informações completas e, geralmente, de acordo com os padrões aceitos à época da publicação. Entretanto, tendo em vista a possibilidade de falha humana ou de alterações nas ciências médicas, os leitores devem confirmar estas informações com outras fontes. Por exemplo, e em particular, os leitores são aconselhados a conferir a bula completa de qualquer medicamento que pretendam administrar, para se certificar de que a informação contida neste livro está correta e de que não houve alteração na dose recomendada nem nas precauções e contraindicações para o seu uso. Essa recomendação é particularmente importante em relação a medicamentos introduzidos recentemente no mercado farmacêutico ou raramente utilizados.

A535   Anatomia geral e odontológica / organizadores, Léo Kriger, Samuel Jorge Moysés, Simone Tetu Moysés; coordenadora, Maria Celeste Morita; autor, Paulo Henrique Ferreira Caria. – São Paulo: Artes Médicas, 2014.

152 p. : il. color. ; 28 cm. – (ABENO : Odontologia Essencial: parte básica)

ISBN 978-85-367-0221-6

1. Odontologia. 2. Anatomia odontológica. I. Kriger, Léo. II. Moysés, Samuel Jorge. III. Moysés, Simone Tetu. IV. Morita, Maria Celeste. V. Caria, Paulo Henrique Ferreira.

CDU 616.314:611

Catalogação na publicação: Ana Paula M. Magnus – CRB 10/2052

organizadores da série
Léo Kriger
Samuel Jorge Moysés
Simone Tetu Moysés

coordenadora da série
Maria Celeste Morita

Anatomia Geral e Odontológica

Reimpressão 2018

2014

Paulo Henrique Ferreira Caria

© Editora Artes Médicas Ltda., 2014

Diretor editorial: *Milton Hecht*
Gerente editorial: *Letícia Bispo de Lima*

Colaboraram nesta edição:
Editora: *Mirian Raquel Fachinetto Cunha*
Assistente editorial: *Adriana Lehmann Haubert*
Capa e projeto gráfico: *Paola Manica*
Ilustrações: *Paulo Henrique Ferreira Caria, Vagner Coelho dos Santos e Shutterstocck*
Processamento pedagógico e preparação de originais: *Laura Ávila de Souza*
Leitura final: *Samanta Sá Canfield*
Editoração: *Acqua Estúdio Gráfico*

Reservados todos os direitos de publicação à
EDITORA ARTES MÉDICAS LTDA., uma empresa do GRUPO A EDUCAÇÃO S.A.

Editora Artes Médicas Ltda.
Rua Dr. Cesário Mota Jr., 63 – Vila Buarque
CEP 01221-020 – São Paulo – SP
Tel.: (11) 3221-9033 – Fax: (11) 3223-6635

É proibida a duplicação ou reprodução deste volume, no todo ou em parte,
sob quaisquer formas ou por quaisquer meios (eletrônico, mecânico, gravação,
fotocópia, distribuição na Web e outros), sem permissão expressa da Editora.

Unidade São Paulo
Av. Embaixador Macedo Soares, 10.735 – Pavilhão 5 – Cond. Espace Center
Vila Anastácio – CEP 05095-035 – São Paulo – SP
Fone: (11) 3665-1100 Fax: (11) 3667-1333

SAC 0800 703-3444 – www.grupoa.com.br

IMPRESSO NO BRASIL
PRINTED IN BRAZIL

Autores

Paulo Henrique Ferreira Caria   Cirurgião-dentista. Professor adjunto (livre-docente) da Faculdade de Odontologia de Piracicapa da Universidade Estadual de Campinas (FOP/Unicamp). Pesquisador pleno do Programa de Biologia Buco-dental da FOP/Unicamp. Mestre e Doutor em Anatomia pela Unicamp.

Ana Cláudia Rossi   Cirurgiã-dentista. Doutora em Biologia Buco-dental: Anatomia pela FOP/Unicamp.

Cristina Paula Castanheira   Médica. Especialista em Ginecologia e Obstetrícia pela Associação de Obstetrícia e Ginecologia do Estado de São Paulo (Sogesp) e em Mastologia pela Sociedade Brasileira de Mastologia (SBM).

Felippe Bevilacqua Prado   Cirurgião-dentista. Professor doutor de Anatomia do Departamento de Morfologia da FOP/Unicamp. Especialista em Odontologia Legal e Deontologia pela FOP/Unicamp. Mestre e Doutor em Biologia Buco-dental: Anatomia pela FOP/Unicamp.

Miguel Carlos Madeira   Cirurgião-dentista. Professor titular (livre-docente) aposentado de anatomia da Universidade Estadual Paulista Júlio de Mesquita Filho (Unesp). Professor doutor de Anatomia do Centro Universitário Toledo (UniToledo). Doutor em Odontologia pela Unesp.

Organizadores da Série Abeno

Léo Kriger   Professor de Saúde Coletiva da Pontifícia Universidade Católica do Paraná (PUCPR). Mestre em Odontologia em Saúde Coletiva pela Universidade Federal do Rio Grande do Sul (UFRGS).

Samuel Jorge Moysés   Professor titular da Escola de Saúde e Biociências da PUCPR. Professor adjunto do Departamento de Saúde Comunitária da

Universidade Federal do Paraná (UFPR). Coordenador do Comitê de Ética em Pesquisa da Secretaria Municipal da Saúde de Curitiba, PR. Doutor em Epidemiologia e Saúde Pública pela University of London.

Simone Tetu Moysés Professora titular da PUCPR. Coordenadora da área de Saúde Coletiva (mestrado e doutorado) do Programa de Pós-graduação em Odontologia da PUCPR. Doutora em Epidemiologia e Saúde Pública pela University of London.

Coordenadora da Série Abeno

Maria Celeste Morita Presidente da Abeno. Professora associada da Universidade Estadual de Londrina (UEL). Doutora em Saúde Pública pela Université Paris, França.

Conselho editorial da Série Abeno Odontologia Essencial

Maria Celeste Morita, Léo Kriger, Samuel Jorge Moysés, Simone Tetu Moysés, José Ranali, Adair Luiz Stefanello Busato.

Para Beatriz, Gabriel, Cristina e Elizabeth.

Agradecimentos

Ao amigo, Prof. Miguel Carlos Madeira, pela eterna amizade e valiosa colaboração dos capítulos 6, 8, 9 e 10.

À Dra. Cristina Paula Castanheira pela colaboração no capítulo 9.

Ao Prof. Horácio Faig Leite, pelo incentivo e pelas fotografias do capítulo 7 e, ao sempre disposto, José Ari Gualberto Junqueira, pelas imagens do capítulo 2.

A todos, os meus mais sinceros agradecimentos.

Prefácio

A série de livros didáticos para estudantes de Odontologia que a Artes Médicas está lançando em parceria com a Abeno, tenciona abranger todo o conteúdo do curso de graduação, constituindo-se em uma iniciativa inédita e ao mesmo tempo arrojada.

A obra que presentemente é prefaciada constitui o embasamento das outras ciências básicas e das disciplinas clínicas subsequentes.

Aborda, de forma um pouco condensada, a chamada anatomia odontológica (aspectos anatomofuncionais essenciais da face e dos dentes) como seu grande assunto. Mas, para a formação de um bom profissional, não se admite a ideia de enfocar unicamente temas relativos à área bucomaxilofacial: é necessário que o texto progrida rumo à anatomia geral, de forma a assegurar um conhecimento, pelo menos básico, de todo o corpo humano. Contrariamente, uma anatomia geral aprofundada fugiria da realidade profissional do aluno.

Cuidadosamente escrito e ilustrado, o livro irá oferecer ao estudante oportunidades de aprendizagem que gerem o prazer intelectual, afeiçoando-o ao estudo da anatomia, para depois iniciar sua vida profissional com um enxoval científico rico de possibilidades. Alunos dos últimos anos, bem como os pós-graduandos, também serão beneficiados com esta obra, em razão da necessidade básica de se conjugar a anatomia com as atividades profissionalizantes (voltadas para a prática, a clínica).

E, agora, uma palavrinha sobre o autor: este livro pode ser considerado a culminância de seu trabalho na sala de aula e no laboratório, junto aos estudantes, e certamente enriquecerá a literatura anatômica brasileira. Como um dos coautores, sinto-me honrado de ter sido convidado a colaborar.

Lembro-me do Paulo aluno, monitor e depois colega professor. Digo, com orgulho, que fora meu discípulo. Seu início já apontava para um docente cheio de aptidão e talento, o que ele realmente mostraria mais tarde. Como tenho parte no seu processo de rápida ascensão, hoje fico muito feliz (e sinto-me reconhecido) por ter sido ultrapassado por ele.

Prof. Paulo, como é respeitosa e carinhosamente chamado na Faculdade de Odontologia de Piracicaba da Universidade Estadual de Campinas (FOP/Unicamp), é responsável por um dos mais completos laboratórios de anatomia, no qual desempenha seu competente trabalho de desenvolvimento técnico e moral do alunado, sempre em consonância com seus elevados princípios e valores. É lídimo declarar que Paulo vive para a educação e não da educação.

Sua outra faceta acadêmica é produzir ciência e estimular e amparar pós-graduandos e novos docentes no estudo e na pesquisa, sempre de modo entusiástico e solidário.

Enfim, Paulo é um anatomista talentoso, moderno e em pleno vigor. Não obstante ser novo ainda, já tem uma história de sucesso nas lides universitárias, tanto no Brasil quanto no exterior.

Contudo, como saldo desta resenha, apetece-me dizer que o mais importante mesmo é desfrutar da sua leal amizade.

Miguel Carlos Madeira
Cirurgião-dentista. Professor titular aposentado de anatomia da Universidade Estadual Paulista Júlio de Mesquita Filho (Unesp). Professor doutor de Anatomia do Centro Universitário Toledo (UniToledo). Doutor em Odontologia pela Unesp.

Sumário

1 | **Introdução ao estudo da anatomia** — 13
Paulo Henrique Ferreira Caria

2 | **Sistema esquelético** — 19
Paulo Henrique Ferreira Caria

3 | **Sistema articular** — 35
Paulo Henrique Ferreira Caria
Ana Cláudia Rossi

4 | **Sistema muscular** — 47
Paulo Henrique Ferreira Caria
Felippe Bevilacqua Prado

5 | **Sistema nervoso** — 67
Paulo Henrique Ferreira Caria

6 | **Sistema circulatório** — 97
Paulo Henrique Ferreira Caria
Miguel Carlos Madeira

7 | **Sistema digestório** — 109
Paulo Henrique Ferreira Caria

8 | **Sistema respiratório** — 131
Paulo Henrique Ferreira Caria
Miguel Carlos Madeira

9 | **Sistema genital** — 139
Paulo Henrique Ferreira Carias
Cristina Paula Castanheira
Ana Cláudia Rossi
Miguel Carlos Madeira

10 | **Sistema urinário** — 147
Paulo Henrique Ferreira Caria
Miguel Carlos Madeira

Referências — 151

Recursos pedagógicos que facilitam a leitura e o aprendizado!

OBJETIVOS DE APRENDIZAGEM	Informam a que o estudante deve estar apto após a leitura do capítulo.
Conceito	Define um termo ou expressão constante do texto.
LEMBRETE	Destaca uma curiosidade ou informação importante sobre o assunto tratado.
PARA PENSAR	Propõe uma reflexão a partir de informação destacada do texto.
SAIBA MAIS	Acrescenta informação ou referência ao assunto abordado, levando o estudante a ir além em seus estudos.
ATENÇÃO	Chama a atenção para informações, dicas e precauções que não podem passar despercebidas ao leitor.
RESUMINDO	Sintetiza os últimos assuntos vistos.
🔍	Ícone que ressalta uma informação relevante no texto.
⚡	Ícone que aponta elemento de perigo em conceito ou terapêutica abordada.
PALAVRAS REALÇADAS	Apresentam em destaque situações da prática clínica, tais como prevenção, posologia, tratamento, diagnóstico, etc.

Introdução ao estudo da anatomia

PAULO HENRIQUE FERREIRA CARIA

Anatomia é uma palavra de origem grega cujos radicais, *ana* e *tomia*, significam, respectivamente, "através de" e "cortar", fazendo referência à dissecção. Desde 1600 a.C., antigos papiros egípcios apresentavam textos anatômicos, mas acredita-se que os gregos foram os primeiros a fazer dissecções com propósitos científicos.

Com a evolução da medicina, a anatomia tornou-se imprescindível para o seu exercício. Do mesmo modo, o dentista precisa ter um profundo conhecimento da anatomia da cabeça e do pescoço para exercer sua profissão. Para realizar o diagnóstico de alterações ou lesões, é necessário localizar as estruturas anatômicas, tanto intra quanto extraorais, e reconhecer sua forma e volume normais. O mesmo se aplica à definição e à execução do tratamento, bem como à realização de anestesia.

No estudo da anatomia, é fundamental associar a forma à função. A anatomia macroscópica do corpo humano pode ser estudada de diferentes formas, apresentadas a seguir.

ANATOMIA SISTEMÁTICA OU DESCRITIVA: Aborda de modo analítico/descritivo as estruturas constituintes dos sistemas do corpo humano que apresentam funções relacionadas, como o sistema esquelético, o sistema articular, sistema muscular, o respiratório, etc.

ANATOMIA TOPOGRÁFICA OU REGIONAL: Estuda de maneira específica a relação entre as estruturas de determinadas regiões do corpo, reunindo elementos diferentes como um todo.

ANATOMIA DE SUPERFÍCIE: Estuda o contorno e a forma de órgãos e estruturas da superfície do corpo. É de grande importância para a semiologia clínica, pois viabiliza a interpretação correta dos sinais e sintomas observados no exame clínico de um paciente.

OBJETIVOS DE APRENDIZAGEM

- Conceituar anatomia e analisar a evolução de seu estudo
- Conhecer o plano de descrição anatômica e os planos de divisão do corpo humano
- Conhecer os termos de orientação e os conceitos de construção corporal
- Descrever as posições do corpo
- Descrever os planos e as cavidades do corpo humano

LEMBRETE

A terminologia anatômica é fundamental para a área médica. Os termos são derivados do latim ou do grego e são usados no mundo todo.

SAIBA MAIS

Os epônimos, denominações formadas a partir do nome de uma pessoa, foram totalmente removidos da terminologia anatômica, embora muitos médicos e dentistas clínicos ainda os utilizem.

ANATOMIA RADIOLÓGICA: Estuda as estruturas internas do corpo mediante raios X e, associada à anatomia de superfície, oferece os fundamentos morfológicos para o exame clínico.

ANATOMIA FUNCIONAL: Aborda segmentos funcionais do corpo, estabelecendo relações funcionais entre as várias estruturas dos diferentes sistemas.

ANATOMIA APLICADA: Destaca a importância dos conhecimentos anatômicos para as atividades clínicas e/ou cirúrgicas.

ANATOMIA COMPARADA: Estuda a anatomia de diferentes espécies de animais comparando o desenvolvimento filogenético e ontogenético dos diferentes órgãos.

Para fazer referência a qualquer estrutura anatômica do corpo humano, é necessário utilizar uma terminologia apropriada, específica e oficial, a **terminologia anatômica**. A descrição inequívoca de inúmeras estruturas seria impossível sem um vocabulário extenso e especializado.

Para evitar ambiguidade, todas as descrições anatômicas, independentemente da posição do cadáver ou peça anatômica, devem assumir que o corpo humano esteja na **posição anatômica**, que corresponde à posição ereta, em pé, de frente para o observador, com a face voltada para a frente e o olhar voltado para o horizonte, os membros superiores estendidos paralelamente ao tronco e as palmas das mãos voltadas para a frente, os membros inferiores paralelos e os calcanhares unidos, com os dedos dos pés voltados para a frente (Fig. 1.1).

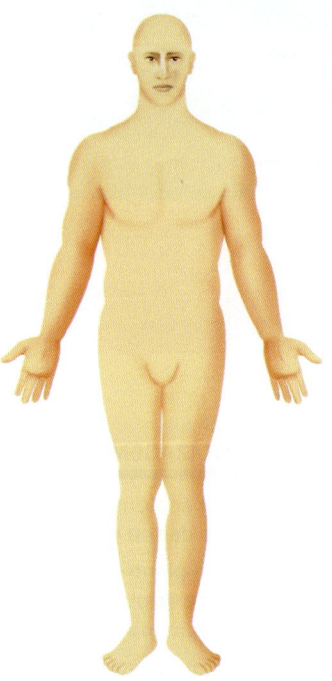

Figura 1.1 – Posição anatômica.

PLANOS DE DELIMITAÇÃO E SECÇÃO

As descrições baseiam-se em **planos de delimitação** que contornam o corpo humano por planos tangentes à sua superfície e determinam um contorno com a forma de um paralelepípedo (Fig. 1.2). Têm-se, assim, os seguintes planos:

- ventral ou anterior (plano vertical tangente ao ventre);
- dorsal ou posterior (plano vertical tangente ao dorso);
- lateral direito e esquerdo (plano vertical tangente ao lado do corpo);
- cranial ou superior (plano horizontal tangente à cabeça);
- podálico ou inferior (plano horizontal tangente à planta dos pés).

Anatomia geral e odontológica

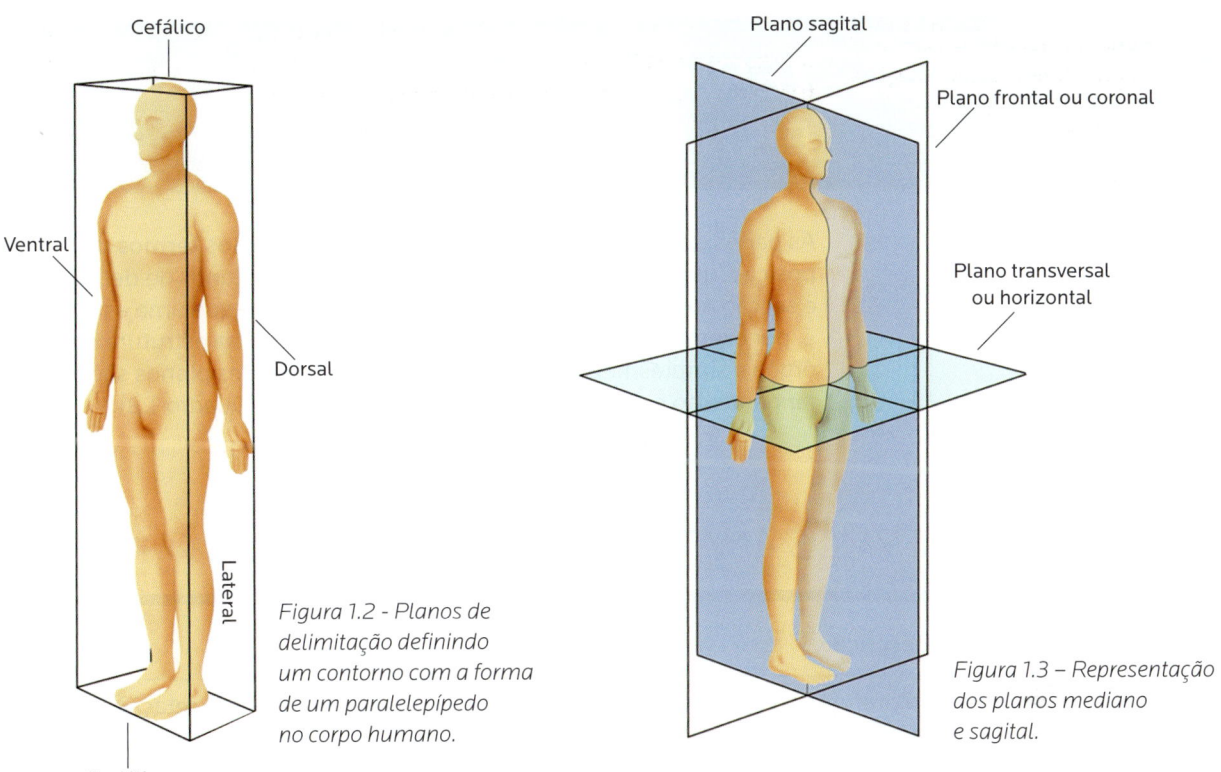

Figura 1.2 - Planos de delimitação definindo um contorno com a forma de um paralelepípedo no corpo humano.

Figura 1.3 – Representação dos planos mediano e sagital.

Os **planos de seccção** são planos imaginários perpendiculares ao corpo na posição anatômica. O plano **mediano** passa longitudinalmente através do corpo e o divide em metades direita e esquerda. O plano **sagital** é qualquer plano vertical paralelo ao plano mediano; embora muitas vezes utilizado, o termo "parassagital" é redundante. O plano **frontal** ou coronal é ortogonal ao plano mediano, ou seja, divide o corpo em **anterior** ou **ventral** e **posterior** ou **dorsal**. O plano **transversal** ou horizontal é ortogonal aos planos mediano e sagital (Fig. 1.3).

No Quadro 1.1 são descritos os princípios fundamentais de construção do corpo humano.

SAIBA MAIS

Os radiologistas se referem ao plano transversal como axial (*axis* = eixo); já a convenção anatômica define axial como se olhando dos pés à cabeça.

QUADRO 1.1 – PRINCÍPIOS ANATÔMICOS DE CONSTRUÇÃO DO CORPO HUMANO

Antimeria	Divide o corpo em duas metades (dois antímeros), se for feito um corte no plano sagital mediano
Simetria	Divide o corpo em duas metades iguais
Estratificação	Sobreposição por estratos ou camadas. Os estratos podem ser de um mesmo tecido ou de tecidos diversos
Metameria	Segmentação craniocaudal em unidades ou metâmeros
Paquimeria	Divisão pelo plano frontal médio em paquímeros ventral, com a grande cavidade que contém as vísceras, e dorsal, com a cavidade que contém o neuroeixo

TERMOS DE POSIÇÃO, DIREÇÃO E SITUAÇÃO

As partes do corpo também podem ser descritas pelos **termos de posição**, que se baseiam em sua proximidade aos planos de delimitação e secção ou ao plano mediano. Tais termos indicam que uma estrutura é, por exemplo, mais cranial que outra, pois nenhuma estrutura ou órgão é simplesmente cranial ou ventral, já que esses planos são tangentes ao corpo e são usados como referência (Quadro 1.2).

QUADRO 1.2 – TERMOS ANATÔMICOS DE POSIÇÃO

Termo	Descrição	Exemplo
Lateral	Faz referência a uma estrutura situada mais afastada do plano mediano e não próximas ao plano lateral. A referência sempre é o plano mediano	A orelha é lateral em relação ao olho
Medial	Faz referência a uma estrutura que se situa mais próxima ao plano mediano em relação a uma outra	O olho é medial em relação à orelha
Posterior ou dorsal	Faz referência a uma estrutura que se situa mais próxima ao plano dorsal em relação a outra	A coluna vertebral é posterior em relação ao coração
Anterior ou ventral	Faz referência a uma estrutura que se situa mais próxima ao plano ventral em relação a outra	O coração é anterior em relação à coluna vertebral
Inferior ou podálico	Faz referência a uma estrutura que se situa mais próxima ao plano podálico em relação a outra	O osso hióideo é inferior em relação à mandíbula
Superior ou cranial	Faz referência a uma estrutura que se situa mais próxima ao plano cranial em relação a outra	A mandíbula é superior em relação ao osso hioide

Outros termos também são usados para descrever a posição entre partes do corpo na posição anatômica. Os termos **proximal** e **distal** são utilizados para fazer referência às estruturas dos membros superiores (braços) e inferiores (pernas) (Fig. 1.4). É denominada proximal toda estrutura que está próxima à raiz do membro (onde ele está implantado ao resto do corpo) e distal toda estrutura que está afastada da raiz do membro, como as mãos e os pés (p. ex., o cotovelo é proximal ao punho e distal ao ombro).

Ainda sobre os termos de posição, para se referir às faces dos dentes, são usados os termos mesial, distal, vestibular e lingual, sendo **mesial** a face do dente voltada para o plano mediano, **distal** a face do dente afastada do plano mediano, **vestibular** a face do dente voltada para os lábios e bochechas e **lingual** a face do dente voltada para a língua.

Termos adicionais podem ser usados para descrever a relação entre estruturas. Estruturas dispostas no mesmo lado do corpo são chamadas **ipsilaterais**. Estruturas do lado oposto do corpo são chamadas **contralaterais**. Por exemplo, a perna direita é ipsilateral ao braço direito, mas contralateral ao braço esquerdo.

Os **termos de direção** fazem referência aos eixos ortogonais e são usados para se referir a uma estrutura em relação a outra, na mesma direção (vertical, horizontal ou lateralmente):

- anteroposterior ou dorsoventral (p. ex., o coração está alinhado com a traqueia anteroposteriormente);
- longitudinal ou craniocaudal (p. ex., as vértebras estão dispostas longitudinalmente na coluna vertebral);
- laterolateral (p. ex., o músculo pterigóideo medial, o ramo da mandíbula e o músculo masseter estão dispostos no sentido laterolateral).

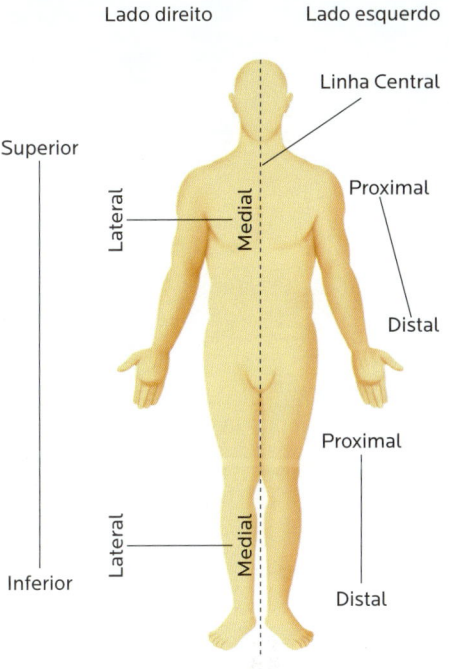

Figura 1.4 – Termos de posição proximal e distal.

Do mesmo modo, certos termos são usados para dar informação sobre a **profundidade** de uma estrutura em relação a outra com base na superfície do corpo. As estruturas localizadas próximas à superfície (pele) são denominadas **superficiais**. Já as estruturas localizadas no interior, afastadas da superfície (pele) do corpo, são chamadas de **profundas**. Para informar a localização de estruturas no interior de órgãos ocos, como o crânio e o abdome, denominam-se **internas** as que estão em seu interior e **externas** as que estão fora deles (p. ex., o encéfalo é interno ao crânio, e o couro cabeludo é externo).

Os **termos de situação** são usados para fazer referência a estruturas em relação aos planos de orientação e a outras. **Médio** faz referência a uma estrutura que está disposta entre outras duas; **intermédio** faz referência a uma estrutura disposta no sentido laterolateral.

LEMBRETE

O termo palatino também é usado para descrever a face do dente voltada para a língua, mas somente para os dentes superiores.

VARIAÇÃO ANATÔMICA

O estudante de odontologia deve ter em mente que as descrições das estruturas anatômicas nos textos de anatomia refletem as condições mais comuns, mas podem existir variações anatômicas que ainda são consideradas normais. O número de ossos e músculos do corpo todo é geralmente constante, mas detalhes específicos dessas estruturas podem variar de paciente para paciente.

Os ossos podem apresentar diferentes tamanhos de processos, e os músculos podem diferir no volume, bem como no tamanho e nos detalhes de seus tendões. Articulações, vasos, nervos, glândulas, linfonodos, planos faciais e espaços podem variar de tamanho, localização e mesmo de presença. Os dentes estão entre as variações mais comuns presentes nas estruturas da cabeça e do pescoço.

LEMBRETE

Além das variações ditas individuais, o corpo humano apresenta variações devidas a fatores gerais como idade, gênero, etnia e biotipo.

2

Sistema Esquelético

PAULO HENRIQUE FERREIRA CARIA

O sistema esquelético determina a forma do corpo humano e permite ações como caminhar e definir diferentes posturas, além de proteger órgãos vitais como o cérebro, o coração e os pulmões. O tecido ósseo, ou simplesmente osso, é constituído por cerca de 30% de substância orgânica e 70% de substância mineral.

A **substância orgânica** é formada por colágeno, proteínas e substância fundamental amorfa. Já a **substância mineral** é densa, formada de cristais de hidroxiapatita que contêm principalmente cálcio, fósforo e íons hidroxila, além de sais inorgânicos também compostos por carbonato, citrato de sódio, flúor e magnésio.

A combinação da estrutura orgânica com os sais inorgânicos aumenta a resistência óssea. A parte orgânica oferece resiliência, e a inorgânica, rigidez. A primeira resiste às forças de tensão, e a segunda, às forças de compressão. O processo de endurecimento do osso é chamado de mineralização ou calcificação.

A seguir, são descritas as importantes funções do esqueleto humano.

SUSTENTAÇÃO E SUPORTE: Os ossos dos membros inferiores, da pelve e da coluna vertebral sustentam o corpo. Quase todos os ossos fornecem suporte para os músculos e também apoio para os dentes.

PROTEÇÃO: Os ossos protegem o cérebro, a medula espinal, o coração, os pulmões e as estruturas da cavidade pélvica.

MOVIMENTO: Os movimentos dos membros na deambulação, para a respiração e outros movimentos produzidos pela ação dos músculos sobre os ossos.

EQUILÍBRIO ELETROLÍTICO: O esqueleto é reservatório de íons cálcio, fósforo, magnésio, sódio e potássio e os libera nos tecidos fluidos e no sangue de acordo com as necessidades fisiológicas do corpo.

OBJETIVOS DE APRENDIZAGEM

- Nomear e identificar as estruturas que compõem o sistema esquelético
- Indicar as diferentes funções do sistema esquelético
- Identificar os ossos do esqueleto axial e do esqueleto apendicular
- Reconhecer os tipos de ossificação
- Reconhecer as estruturas anatômicas do crânio em suas diferentes vistas

SAIBA MAIS

A substância mais dura do corpo não é osso, mas sim o esmalte dos dentes.

EQUILÍBRIO ÁCIDO-BASE: O tecido ósseo equilibra o sangue contra alterações excessivas do pH, absorvendo ou liberando fosfato alcalino e sais de carbonato.

FORMAÇÃO DO SANGUE (HEMOPOIESE): A medula óssea vermelha é o principal produtor de células sanguíneas, incluindo as células do sistema imunológico.

A formação de osso, chamada de ossificação ou osteogênese, tem início aproximadamente na sexta semana de vida intrauterina e ocorre por dois tipos de ossificação, intramembranosa e endocondral. Na **ossificação endocondral**, o osso é precedido por um "modelo" de cartilagem hialina que é substituído por tecido ósseo. A maioria dos ossos do corpo se desenvolve dessa forma, incluindo as vértebras, as costelas, o esterno, a escápula, a cintura pélvica e os ossos dos membros. Na **ossificação intramembranosa**, os ossos se desenvolvem dentro de uma folha fibrosa de tecido conectivo, semelhante à derme da pele, que produz os ossos planos do crânio, partes da mandíbula e clavícula. Embora esses processos de ossificação sejam diferentes, os ossos resultantes de ambos são idênticos.

Ao observarmos um corte transversal de um osso, é possível identificar duas estruturas distintas. A primeira delas é a substância compacta, sólida e resistente, sem espaços entre si, que define o contorno externo dos ossos, chamada de cortical óssea (córtex = periferia). A outra, substância esponjosa, é aerada, ou seja, com espaços no seu interior, mais frágil que a primeira, sendo também conhecida por osso trabecular ou esponjoso. A substância esponjosa é encontrada nos ossos curtos, nas extremidades dos ossos longos e no interior de alguns ossos planos do crânio.

A quantidade de substância óssea compacta e esponjosa sofre diferenciação nas diversas partes e em diferentes ossos. Nos ossos longos, a substância esponjosa é maior na cavidade medular. Nos ossos planos, como os do crânio (da calota craniana), existe uma camada externa e outra interna de osso compacto e, entre elas, uma camada de substância esponjosa. Esse arranjo no crânio é chamado de díploe.

O esqueleto é permeado por nervos e vasos sanguíneos, o que atesta sua sensibilidade e sua atividade metabólica. Essa atividade metabólica é realizada por osteoblastos e osteoclastos, células de formação e de reabsorção óssea, respectivamente. A modificação da estrutura óssea é chamada de remodelação e ocorre durante toda a vida do indivíduo. A remodelação é mais evidente nos casos de fratura e osteoporose (diminuição da massa óssea).

Todos os ossos são recobertos por uma membrana fibrosa, elástica, esbranquiçada, chamada de **periósteo**. O periósteo é altamente inervado e vascularizado e apresenta duas camadas, uma externa, de tecido conectivo fibroso, e outra interna, com vasos sanguíneos, nervos e células osteoprogenitoras. Ele serve de ancoragem para tendões e ligamentos, e só não há periósteo nas superfícies articulares dos ossos. O tecido conectivo que reveste internamente os ossos é o **endósteo**, presente no canal medular e nos espaços intertrabeculares.

Os 206 ossos de um ser humano adulto têm diferentes formas e, portanto, são classificados de acordo com as suas características

---

SAIBA MAIS

Os ossos secos presentes nos laboratórios de anatomia sugerem erroneamente que o esqueleto é uma estrutura rígida e inerte, como as vigas de sustentação de um edifício. Na realidade, o esqueleto apresenta certa flexibilidade e é dinâmico, pois é formado por células que remodelam os ossos continuamente e promovem interação com todos os outros sistemas e órgãos do corpo humano.

morfológicas, mediante os critérios de comprimento, largura, espessura e forma. Desse modo, são classificados como longos os ossos que apresentam o comprimento maior que a largura e a espessura.

Os **ossos longos** apresentam um canal no seu interior, o canal medular, e suas extremidades são chamadas de **epífises**. O segmento central entre as epífises, onde está o canal medular, é denominado **diáfise**, e a união das duas epífises com a diáfise é denominada **metáfise**. Os ossos dos membros superiores e inferiores são exemplos de ossos longos.

São classificados como **ossos planos ou chatos** aqueles que têm seu comprimento e largura maiores que a espessura, apresentando uma forma laminar (p. ex., escápula, osso do quadril e, no crânio os parietais, frontal e occipital). Os ossos que não apresentam predomínio do comprimento, da largura e da espessura são denominados ossos curtos (p. ex., ossos do carpo e do tarso).

Os ossos do corpo que não seguem os critérios de comparação entre comprimento, largura e espessura são classificados como irregulares, pneumáticos e sesamoides. Os ossos **irregulares** são os que justificam sua classificação, como as vértebras, a mandíbula e o osso temporal. **Pneumáticos** são os que apresentam seio ou cavidade em seu interior, como a maxila e os ossos esfenoide, etmoide e frontal. Por fim, **sesamoides** são os ossos envolvidos por tendões, seja na mão, no pé ou no joelho, como a patela.

Didaticamente, podemos dividir o esqueleto humano em esqueleto axial (axis = eixo) e esqueleto apendicular (apêndice = anexo) (Fig. 2.1). O **esqueleto axial** é formado por 22 ossos do crânio; 33 vértebras da coluna vertebral, sendo 7 vértebras cervicais, 12 torácicas, 5 lombares, 5 sacrais (sacro) e 4 coccígeas; 24 costelas articuladas posteriormente com 12 vértebras, 10 pares de costelas articuladas anteriormente com um osso esterno e os dois últimos pares de costelas, chamadas de costelas flutuantes. Há ainda o osso hioide, que não está articulado diretamente com nenhum outro osso. Situado na região cervical, entre o esterno e a mandíbula, ele é único, anterior e mediano.

O **esqueleto apendicular** é formado pelos ossos dos membros superior e inferior e das cinturas escapular (clavícula e escápula) e pélvica (osso do quadril). A cintura pélvica é formada por dois ossos do quadril, unidos posteriormente ao osso sacro. Cada osso do quadril é formado por três ossos que estão fusionados no adulto: ílio (superior), ísquio (inferior) e púbis (anterior), assim denominados também quando estão separados no estágio embrionário.

Cada membro superior é formado pelo osso do braço, o úmero, e pelos ossos do antebraço, a ulna (medial) e o rádio (lateral). O punho, na base da mão, é formado por oito ossos curtos, os ossos do carpo, denominados trapézio, trapezoide, capitato, hamato, pisiforme, piramidal, semilunar e escafoide. Já na palma da mão, há outros cinco ossos, denominados metacarpos, que são numerados de I a V a partir do polegar. Os ossos dos dedos são denominados falanges proximal, média e distal, definidos também de I a V. O I metacarpo (primeiro metacarpo) (polegar) tem duas falanges (proximal I e distal I); os outros dedos têm três falanges (proximal, média e distal).

SAIBA MAIS

A metáfise dos ossos em crescimento longitudinal (comprimento) desaparece por volta dos 20 anos de idade e é chamada de cartilagem epifisal.

LEMBRETE

Embora tenham o comprimento maior que a largura, as costelas e a clavícula não possuem canal medular, tampouco metáfises; por isso, são classificadas como ossos alongados.

LEMBRETE

Como profissional da área de saúde, o dentista deve conhecer os ossos do esqueleto não só por razões de conhecimento geral, mas por sua importância para algumas especialidades odontológicas.

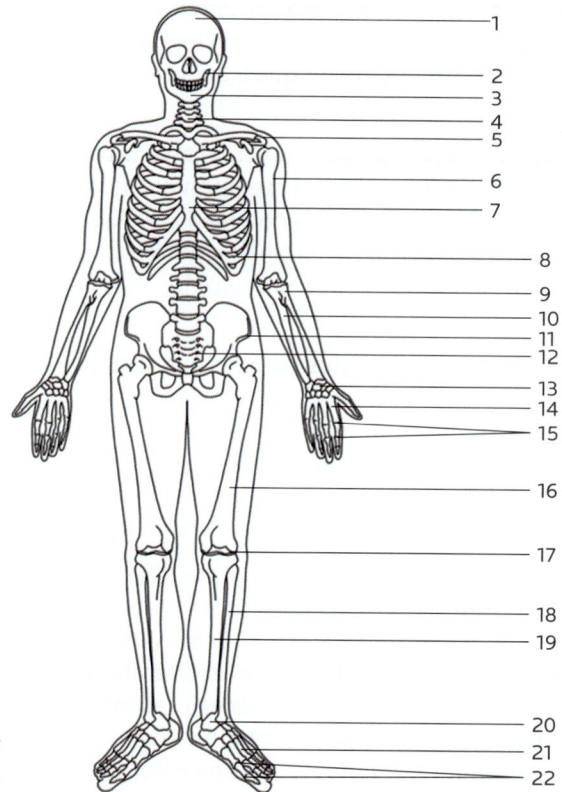

Figura 2.1 – Principais ossos do esqueleto humano.

1. Frontal
2. Maxila
3. Mandíbula
4. Vértebra
5. Clavícula
6. Úmero
7. Esterno
8. Costela
9. Rádio
10. Ulna
11. Ílio
12. Sacro
13. Carpo
14. Metacarpos
15. Falanges
16. Fêmur
17. Patela
18. Fíbula
19. Tíbia
20. Tarso
21. Metatarsos
22. Falanges

Cada membro inferior é formado pelo osso da coxa, o fêmur; patela, localizada anteriormente ao joelho; e pela tíbia (medial) e pela fíbula (lateral), localizadas na perna. O esqueleto do pé é formado por outros sete ossos: tálus, calcâneo, navicular, cuboide, cuneiforme medial, cuneiforme intermédio e cuneiforme lateral. Há ainda outros cinco, denominados metatarsais (metatarso I, II, III, IV, V) e 14 falanges (proximal, média e distal). O hálux (metatarsal I) só apresenta falanges proximal e distal.

O CRÂNIO

O crânio é o esqueleto da cabeça e pode ser dividido didaticamente em viscerocrânio (esqueleto da face) e neurocrânio, assim denominado por alojar o encéfalo (base do crânio e calvária).

No viscerocrânio, estão os órgãos dos sentidos, a boca (paladar), os olhos (visão) e o nariz (olfato). É formado por 14 ossos: duas maxilas, dois palatinos, dois lacrimais, dois zigomáticos, dois nasais, duas conchas nasais inferiores, um vômer, todos esses unidos entre si por articulações fibrosas (suturas), além da mandíbula, que é o único osso móvel do crânio. Exceto a mandíbula, todos os outros ossos do viscerôcranio se articulam com as maxilas, que servem de implantação dos dentes superiores.

O neurocrânio é formado por oito ossos: um etmoide, um esfenoide, um occipital, um frontal, dois parietais e dois temporais (no seu interior, estão os ossos da orelha média – martelo, bigorna e estribo). Todos esses ossos são também articulados por meio de suturas e dão forma à cavidade crâniana, onde está alojado o encéfalo.

Para olhar a base do crânio, é preciso remover a calvária, também conhecida como calota craniana, que é determinada por um corte transversal desde a glabela até a protuberância occipital externa. Na calvária, os ossos apresentam arranjo denominado díploe.

Em casos de traumatismo craniano, a lâmina interna, que é mais frágil que a externa, pode sofrer fratura e provocar rupturas de vasos sanguíneos da dura-máter (meninge). A base do crânio é formada por ossos irregulares com vários forames e canais por onde passam vasos e nervos, cujo conhecimento é importante em casos de tratamento de traumatismos cranianos.

A seguir, serão apresentadas as estruturas anatômicas mais importantes do crânio, de acordo com as suas diferentes vistas (normas). Para o reconhecimento das estruturas nas vistas do crânio, é necessário que este seja posicionado com o plano aurículo-orbital ou com a base paralela ao solo.

LEMBRETE

Em razão de suas diversas aplicações clínicas, o estudo do crânio é fundamental para o odontólogo.

VISTA ANTERIOR DO CRÂNIO (NORMA FRONTAL) (FIG. 2.2)

Nessa vista, é possível observar três grandes aberturas: os áditos orbitais (nos quais estão os globos oculares) e a abertura piriforme (que dá acesso à cavidade nasal). No osso frontal, são encontrados o arco superciliar, a glabela, a margem supraorbital, a incisura supraorbital ou forame supraorbital e a sutura frontonasal.

A parte superior da órbita, é formada pelo osso frontal; a posterior, pela asa maior do esfenoide e parte do osso zigomático, medialmente estão os ossos etmoide e lacrimal, e, inferiormente, a maxila, o zigomático e o osso palatino. Na órbita, também é possível reconhecer o sulco e o canal infraorbital, com início na fissura orbital inferior.

No fundo da órbita, estão o canal óptico, a fissura orbital superior e a fissura orbital inferior. Já a abertura piriforme é definida pelas duas maxilas, que estão articuladas pela sutura intermaxilar e, na sua união, determinam uma saliência pontiaguda mediana, a espinha nasal anterior. Abaixo e lateralmente à espinha nasal anterior está a fóvea incisiva e mais lateral a fossa canina, abaixo dessa está a saliência da raiz do dente canino a eminência canina. Essas estruturas servem de referência para as anestesias dos dentes superiores anteriores.

Pela abertura piriforme, é possível observar, no interior da cavidade nasal, o septo nasal ósseo e as conchas nasais inferior e média. Cada maxila tem um corpo (parte central) e quatro processos (projeções): alveolar, zigomático, palatino e frontal. Esses processos **são denominados com o nome do osso com o qual estão articulados**, como nos três últimos citados.

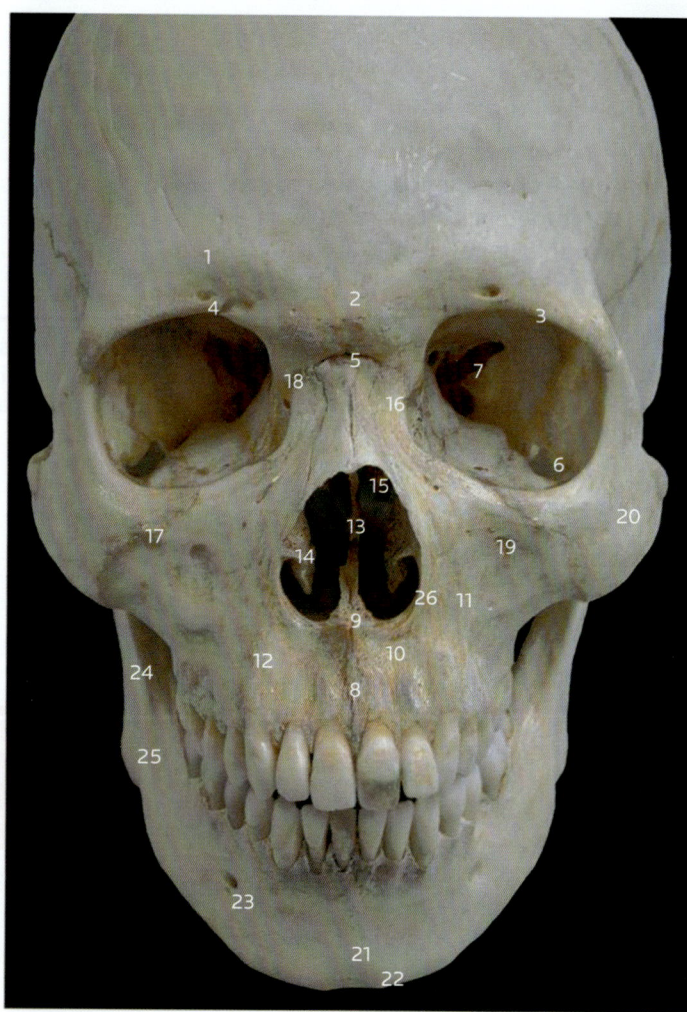

1. Arco superciliar
2. Glabela
3. Margem supra-orbital
4. Incisura supra-orbital
5. Sutura frontonasal
6. Fissura orbital inferior
7. Fissura orbital superior
8. Sutura intermaxilar
9. Espinha nasal anterior
10. Fóvea incisiva
11. Fossa canina
12. Eminência canina
13. Septo nasal ósseo
14. Concha nasal inferior
15. Concha nasal média
16. Processo frontal da maxila
17. Sutura zigomaticomaxilar
18. Sutura frontomaxilar
19. Forame infra-orbital
20. Osso zigomático
21. Protuberância mentoniana
22. Tubérculo mentoniano
23. Forame mentoniano
24. Borda anterior do ramo da mandíbula
25. Linha oblíqua
26. Abertura piriforme

Figura 2.2 - Vista anterior do crânio (norma frontal).

Do mesmo modo, as suturas (articulações) são denominadas de acordo com o nome dos ossos com que estão articuladas, como a sutura zigomaticomaxilar e a sutura frontomaxilar. Sete ou oito milímetros abaixo do ádito da órbita, está o forame infraorbital, que é a abertura do canal infraorbital que segue até o sulco infraorbital, todos percorridos pelo nervo infraorbital e pelos vasos (artéria, veia e linfático) infraorbitais. O osso zigomático, lateral e articulado à maxila, liga o viscerocrânio ao neurocrânio. O zigomático tem um corpo e três processos: maxilar, frontal e temporal.

Nessa vista, é possível reconhecer a mandíbula, que mantém relação com a maxila por meio dos dentes, mas está articulada de fato com a base do crânio. É possível ainda observar a base da mandíbula e a protuberância mentual mais ao centro, ladeada pelos tubérculos mentonianos. Abaixo do segundo pré-molar, entre ele, a base da mandíbula e o processo alveolar, está o forame mentual. A mandíbula tem um corpo e dois ramos verticais. A borda anterior do ramo da mandíbula continua inferiormente como a linha oblíqua, que vai desaparecendo à medida que prossegue sobre o corpo da mandíbula.

VISTA SUPERIOR DO CRÂNIO (NORMA VERTICAL) (FIG. 2.3)

Nessa vista, é possível reconhecer parte do osso frontal, dos parietais e do occipital, que estão unidos (articulados) pelas suturas **coronal** (entre o frontal e os parietais); **sagital** (entre os parietais); e **lambdóidea**, (entre o occipital e os parietais). Em crânios de fetos e recém-nascidos, esses ossos estão separados por membranas fibrosas, que permitem o crescimento do encéfalo. Com o avançar da idade, os ossos acompanham o crescimento do encéfalo, formando as suturas. O ponto de encontro das suturas coronal e sagital é chamado **bregma**. A região de maior largura do crânio é a distância entre cada túber parietal.

SAIBA MAIS

Conhecidos popularmente como moleira, os espaços entre os ossos são denominados fontículoss.

1. Sutura cornal
2. Sutura lambdóide
3. Sutura sagital
4. Bregma
5. Túber parietal

Figura 2.3 - Vista superior do crânio (norma vertical).

VISTA LATERAL DO CRÂNIO (NORMA LATERAL) (FIG. 2.4)

Nessa vista, podem ser identificados os ossos frontal, parietal, temporal, occipital, maxila, mandíbula, lacrimal e nasal. Com início no osso frontal, seguindo pelo osso parietal, a linha temporal chega bem fina até a crista supramastóidea do osso temporal. A linha temporal serve de inserção à fáscia temporal e ao músculo temporal e também delimita a fossa temporal, onde está a sutura escamosa, e é totalmente preenchida pelo músculo temporal.

O **arco zigomático** delimita superiormente a **fossa temporal** e inferiormente a **fossa infratemporal**. É formado pela união dos processos zigomático do temporal e temporal do zigomático; é achatado mediolateralmente por estar preso superiormente à fáscia temporal e inferiormente ao músculo masseter.

Ao olharmos para a mandíbula (Fig. 2.5), localizamos o seu ramo de formato retangular, delimitado pela incisura da mandíbula superiormente e pelas bordas anterior, posterior e inferior, onde está o ângulo da mandíbula. Próximo ao ângulo da mandíbula, está a **tuberosidade massetérica**, que é resultante da ação dos músculos masseter, o que justifica sua denominação. Ainda no ramo, agora superiormente, estão o **processo coronoide**, cuja face medial serve

1. Linha temporal
2. Crista supramastoide
3. Fossa temporal
4. Sutura escamosa
5. Processos zigomático do temporal
6. Processo temporal do zigomático
7. Incisura da mandíbula
8. Ângulo da mandíbula
9. Tuberosidade massetérica
10. Processo coronoide
11. Processo condilar
12. Colo da mandíbula
13. Fossa mandibular
14. Eminência/tubérculo articular
15. Poro acústico externo
16. Meato acústico externo
17. Processo mastoide

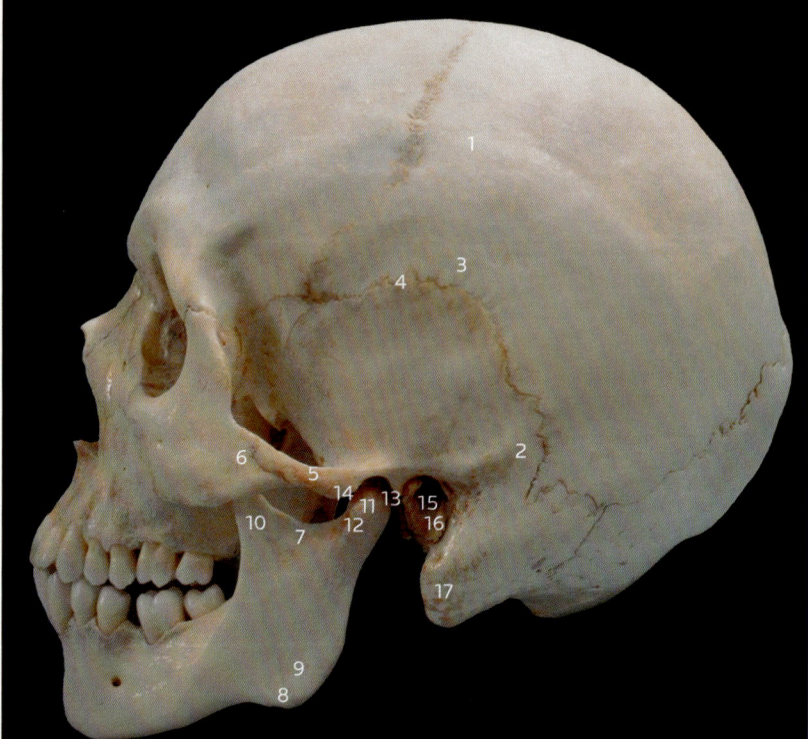

1. Fossa mandibular
2. Eminência/tubérculo articular
3. Processo retroarticular
4. Poro acústico externo
5. Meato acústico externo
6. Parte petrosa
7. Lâmina lateral do processo pterigoide
8. Tuberosidade da maxila
9. Hâmulo pterigoide
10. Fissura pterigomaxilar
11. Fossa pterigopalatina
12. Forame esfenopalatino

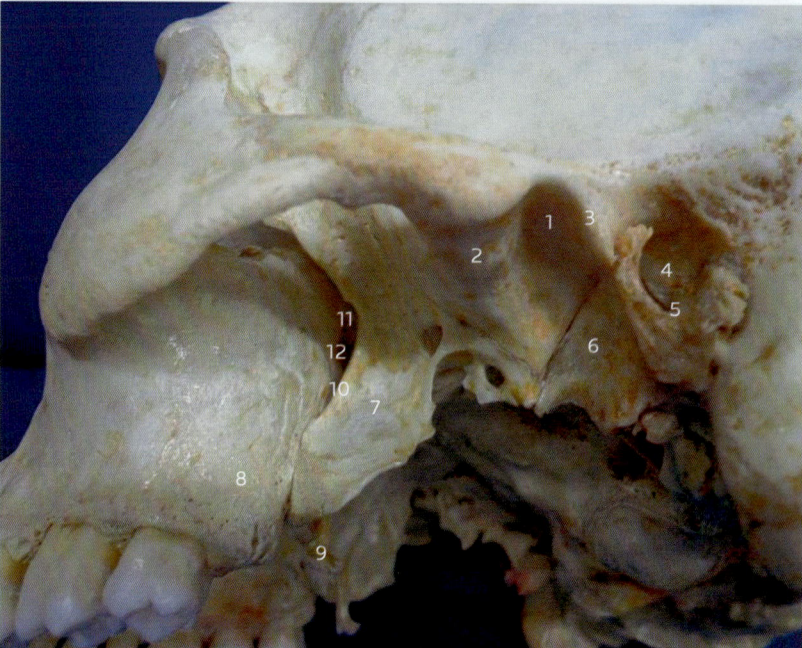

Figura 2.4 – Vistas laterais do crânio (normas laterais).

de inserção para o músculo temporal, e o **processo condilar**. Logo abaixo deste, encontra-se o **colo da mandíbula,** cuja dilatação denomina-se de **cabeça da mandíbula**. Esta articula-se com o osso temporal na fossa mandibular, tendo à sua frente o tubérculo articular e atrás o processo retroarticular.

Anatomia geral e odontológica

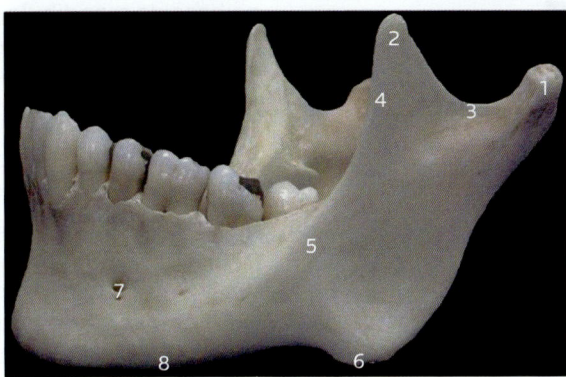

1. Cabeça da mandíbula
2. Processo coronoide
3. Incisura da mandíbula
4. Borda anterior do ramo da mandíbula
5. Linha oblíqua
6. Ângulo da mandíbula
7. Forame mentoniano
8. Base da mandíbula

Figura 2.5 – Vista lateral da mandíbula.

Logo atrás do processo retroarticular, identifica-se o poro acústico externo, que dá acesso ao **meato acústico externo**, amplo canal que continua na parte petrosa do temporal. Ainda posteriormente, uma saliência romba cuja extremidade é inferior e anterior é o processo mastoide, que oferece ancoragem aos músculos esternocleidomastóideo, esplênio da cabeça e longo da cabeça. Outra saliência mais pontiaguda e medial ao processo mastoide é o **processo estiloide**. Embora delicado, é origem dos músculos estilofaríngeo, estiloglosso e estilo-hióideo e do ligamento estilo-hióideo.

Na fossa infratemporal, é possível observar seus limites como a lâmina lateral do **processo pterigoide** e a **tuberosidade da maxila**. Junto à lâmina medial do processo pterigoide, está o hâmulo pterigóideo, em forma de gancho, que dá apoio ao tendão do músculo tensor do véu palatino e ao ligamento pterigomandibular. No fundo da fossa infratemporal, está a fissura pterigomaxilar, que dá acesso à **fossa pterigopalatina**. Esta é formada pela tuberosidade da maxila anteriormente, pelo processo pterigoide do osso esfenoide posteriormente e pela lâmina perpendicular do osso palatino, que lhe confere o nome. No fundo da fossa pterigopalatina, está o **forame esfenopalatino**. Acima da tuberosidade da maxila, está a **fissura orbital inferior** e, à frente, a **crista zigomaticoalveolar**. Nessa tuberosidade, é possível encontrar dois ou três forames alveolares como canais alveolares que dão passagem aos nervos e vasos alveolares superiores posteriores.

VISTA POSTERIOR DO CRÂNIO (NORMA OCCIPITAL) (FIG. 2.6)

Os ossos que formam a parte posterior do crânio são o occipital, dois parietais e a parte mastóidea dos temporais. Nessa vista, também pode ser observada a mandíbula. Unindo os parietais ao occipital, está a **sutura lambdóidea**, que pode ser eventualmente interrompida pela presença de ossos suturais.
A ação dos músculos cervicais define a presença, com mais ou menos saliência, da protuberância occipital externa e das linhas nucais.

Ao olharmos para a mandíbula, é possível identificar uma saliência mediana e irregular, as **espinhas mentonianas superiores e inferiores**, local de ancoragem dos músculos genioglosso e gênio-hióideo, respectivamente. Acima delas, está o **forame lingual** ou retromentoniano superior e, abaixo, o inconstante **forame retromentoniano inferior**. Abaixo e lateral a esse forame,

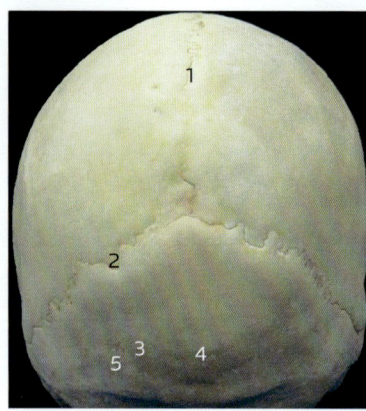

1. Sutura sagital
2. Sutura lambdóidea
3. Linha nucal superior
4. Protuberância occipital externa
5. Linha nucal inferior

Figura 2.6 – Vista posterior do crânio (norma occipital).

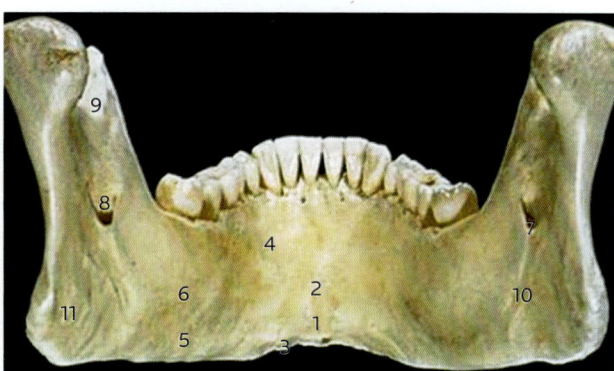

1. Espinhas genianas
2. Forame lingual ou retromandibular superior
3. Fossa digástrica
4. Fóvea sublingual
5. Fóvea submandíbular
6. Linha milo-hióidea
7. Forame da mandíbula
8. Língula da mandíbula
9. Crista temporal
10. Suclo milo-hióideo
11. Tuberosidade pterigóidea

Figura 2.7 – Vista posterior da mandíbula (norma occipital).

na base da mandíbula, está a **fossa digástrica**, local de inserção do ventre anterior do músculo digástrico.

A linha milo-hióidea é uma saliência retilínea de disposição oblíqua que começa delgada anteriormente e termina mais espessa junto ao alvéolo do último molar. É resultado da ação do músculo milo-hióideo, que tem origem nesse local. A linha milo-hióidea delimita duas fossas rasas, a **fóvea sublingual** e a **fóvea submandibular**, assim chamadas por alojarem as glândulas sublingual e submandibular, respectivamente.

Nessa área, é possível encontrar uma protuberância hereditária denominada toro mandibular, que tende a ser bilateral e simétrica. Olhando lateralmente, estão os dois ramos da mandíbula e, no centro de cada um, é possível identificar um amplo orifício, o **forame da mandíbula**, que constitui a entrada do **canal da mandíbula**. Uma pequena saliência pontiaguda junto ao forame, a **língula da mandíbula**, serve de inserção ao ligamento esfenomandibular. Logo abaixo, em uma escavação linear, porém com disposição oblíqua, está o **sulco milo-hióideo**, local de passagem de nervos e vasos do mesmo nome (milo-hióideos).

Na face medial, a tuberosidade pterigóidea é o resultado da tração exercida pelo músculo pterigóideo medial. Na extremidade superior do ramo da mandíbula é possível identificar o processo coronoide, agora por sua face medial. Nela há uma pequena saliência linear romba a **crista temporal**, também resultante da tração muscular do temporal, que termina no **trígono retromolar**, como o próprio nome diz, uma área triangular logo atrás do último molar. O processo condilar também pode ser visto e, na sua face anterior, é evidente uma depressão rasa, a **fóvea pterigóidea**, onde se insere o músculo pterigóideo lateral.

VISTA INFERIOR DO CRÂNIO (NORMA BASILAR) (FIG. 2.8)

Para a identificação das estruturas anatômicas nessa vista, é melhor que se desarticule a mandíbula do restante do crânio. Anteriormente, já é possível identificar o **palato ósseo**, formado por quatro ossos, os processos palatinos da maxila e as lâminas horizontais do palatino. Esses ossos se articulam pela sutura palatina mediana e pela sutura palatina transversa.

Anatomia geral e odontológica

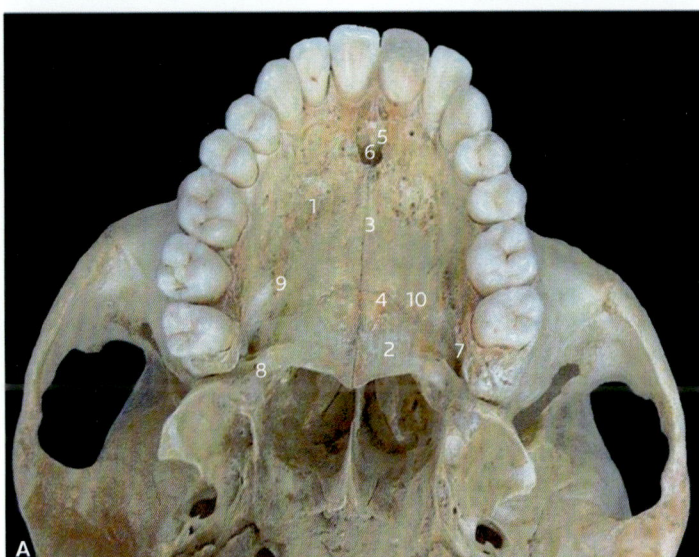

1. Processo palatino da maxila
2. Lâmina horizontal do palatino
3. Sutura palatina mediana
4. Sutura palatina transversa
5. Fossa incisiva
6. Forame incisivo
7. Forame palatino maior
8. Forame palatino menor
9. Sulco palatino
10. Espinhas palatinas

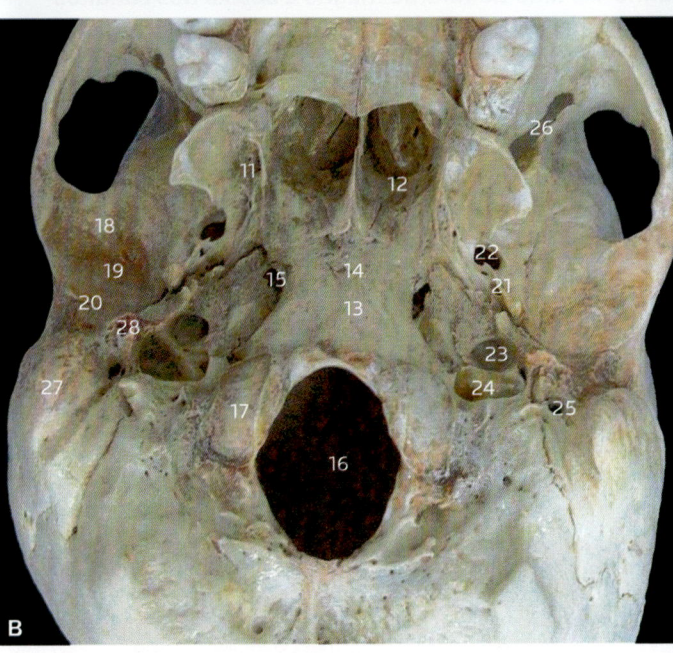

11. Fossa pterigoide
12. Cóanos
13. Parte basilar do occipital
14. Sincondrose esfeno-occipital
15. Forame lacerado
16. Forame magno
17. Côndilo do occipital
18. Eminência articular
19. Fossa mandibular.
20. Processo retroarticular.
21. Forame espinhoso
22. Forame oval
23. Canal carótico
24. Forame jugular
25. Forame estilomastoide
26. Fissura orbital inferior
27. Processo mastoide
28. Processo estiloide

Figura 2.8 - Vista inferior do crânio (norma basilar) (A) Destaque para a região anterior/palatina. (B) Destaque para a região média.

Em crânio de criança, é possível encontrar a sutura incisiva, que desaparece na fase adulta e separa a parte anterior da maxila (osso incisivo) do restante da maxila. Atrás do processo alveolar, próximo aos dentes incisivos, está a fossa incisiva, que precede o forame incisivo. Acima deste estão, de cada lado, as aberturas do canal incisivo.

Contornando o palato ósseo, está o **processo alveolar**, que, sem os dentes, apresenta os alvéolos, os quais são separados uns dos outros pelo septo interalveolar. Já dentro dos alvéolos dos dentes bi e trirradiculares, estão os septos interradiculares.

Na parte posterior do palato ósseo, ao lado do último molar, medialmente, estão os forames palatinos maiores, que são a abertura inferior do canal palatino maior, de cada lado; portanto, comunica a fossa pterigopalatina com a cavidade bucal. Atrás dos forames palatinos maiores, estão os forames palatinos menores. O processo palatino da maxila é rugoso, e, à frente dos forames palatinos maiores, há pequenas depressões, os sulcos palatinos, circundados por proeminências chamadas de espinhas palatinas.

Ainda um pouco mais para posterior, está o processo pterigoide, formado por duas lâminas (medial e lateral) que são separadas pela **fossa pterigóidea**, local de origem do músculo pterigóideo medial. Acima e à frente, está a porção posterior da cavidade nasal, que pode ser vista por meio dos cóanos. Cerca de uns cinco centímetros para trás, o corpo do esfenoide está unido à parte basilar do occipital, porém essa fusão só ocorre por volta dos 16 ou 17 anos de idade, desaparecendo a articulação entre os dois ossos, a sincondrose esfeno-occipital.

Lateralmente à parte petrosa do temporal, estão os forames lacerados, um de cada lado, e, posteriormente, está o mais amplo dos forames, o **forame magno**. Ao lado do forame magno e abaixo dos côndilos occipitais, está o canal do hipoglosso, bilateralmente e atrás dos côndilos, os inconstantes canais condilares.

Direcionando o olhar para os arcos zigomáticos, junto ao osso temporal, é possível reconhecer a face articular superior da articulação temporomandibular e, na sua parte anterior, a **eminência articular** de conformação transversal posteriormente, há uma escavação de profundidade variável, também transversal, a **fossa mandibular**.

Lateral à fossa mandibular, uma proeminência de perfil triangular é o **processo retroarticular**. Medialmente à fossa mandibular, está o **forame espinhoso**, e logo à frente deste, o **forame oval**, que somente pode ser visto pela norma basilar. Na face inferior da parte petrosa, está o **canal carótico**. Logo atrás, entre o temporal e o occipital, está o **forame jugular**, e entre os processos estiloide e mastoide, o **forame estilomastoideo**.

VISTA INTERIOR DO CRÂNIO (CAVIDADE DO CRÂNIO) (FIG. 2.9)

Para identificar as estruturas anatômicas nesta vista, é necessário remover a calvária ou calota craniana. Logo é possível verificar que as estruturas estão dispostas em três planos com alturas diferentes, ou seja, um segmento mais profundo (fossa posterior do crânio), um segmento de profundidade média (fossa média do crânio) e outro raso (fossa anterior do crânio).

A **fossa anterior do crânio** recebe o lobo frontal do cérebro. É delimitada pelas asas menores do osso esfenoide. A saliência plana é a crista etmoidal (antiga crista galli), um prolongamento superior da l**âmina perpendicular do etmoide**. Transversal à crista etmoidal, está a lâmina cribriforme, perfurada para dar passagem aos filamentos

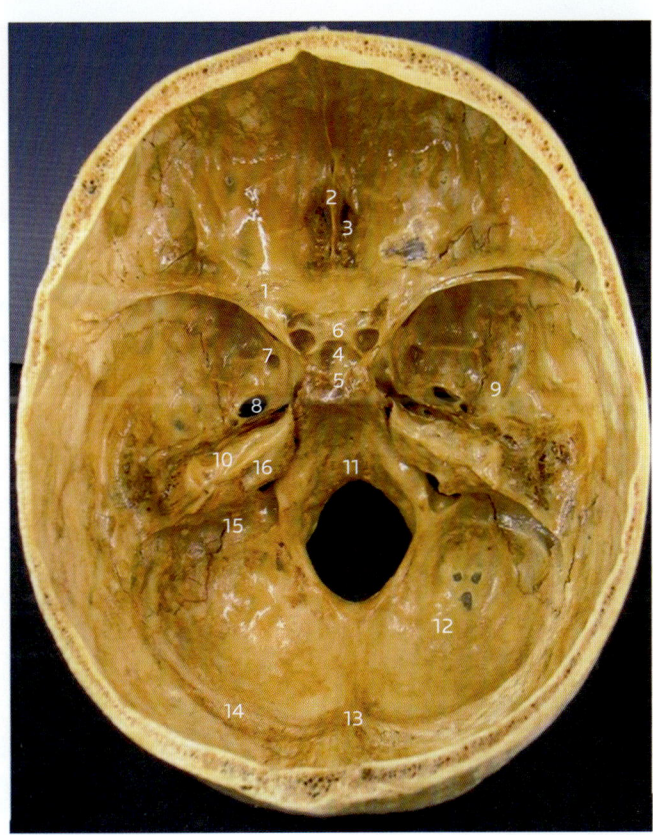

1. Asa menor do osso esfenoide
2. Crista etmoidal
3. Lâmina cribriforme
4. Sela turca/fossa hipofisal
5. Dorso da sela
6. Tubérculo da sela
7. Forame redondo
8. Forame oval
9. Forame espinhoso
10. Impressão trigeminal
11. Clivo
12. Fossa cerebelar
13. Protuberância occipital interna
14. Sulco do seio transverso
15. Sulco do seio sigmoide
16. Poro acústico interno

Figura 2.9 - Vista interior do crânio (cavidade do crânio). (Gentileza de José Ari Gualberto Junqueira.)

do nervo olfatório que vão em direção à cavidade nasal. Mais atrás, está o **canal óptico**.

A **fossa média do crânio** é ocupada pelo lobo temporal do cérebro no vivo, é delimitada pelos ossos temporal e esfenoide. No centro da fossa média do crânio, é possível reconhecer uma escavação, a sela turca, cujas partes são o dorso da sela (posterior), o tubérculo da sela (anterior) e a fossa hipofisial (depressão central), que aloja a glândula hipófise.

Entre as asas menor e maior do esfenoide, está a fissura orbital superior; junto à asa maior do esfenoide, seguem os forames redondo, oval e espinhoso. Posteriormente, na face anterior da parte petrosa do temporal, há uma depressão determinada pela presença do gânglio trigeminal, a impressão trigeminal.

A **fossa posterior do crânio,** formada pelos ossos temporal e occipital, é a que está no plano mais inferior e aloja as estruturas do sistema nervoso – ponte, bulbo e cerebelo. Tendo como referência o forame magno, à sua frente está o clivo e, atrás, a fossa cerebelar. Mais acima, uma saliência, a protuberância occipital interna, ponto de encontro de sulcos de seios venosos da dura-máter. Lateral à protuberância occipital interna, o sulco do seio transverso, que continua abaixo com o sulco do seio sigmoide até o forame jugular. Na face posterior da parte petrosa, pode-se identificar o poro acústico interno, cujo prolongamento interno é o **meato acústico interno.**

VISTA MEDIAL DO HEMICRÂNIO (SECÇÃO SAGITAL MEDIANA DO CRÂNIO) (FIG. 2.10)

1. Lâmina perpendicular do etmoide
2. Crista etmoidal
3. Vômer
4. Sela turca
5. Tubérculo da sela turca
6. Dorso da sela turca
7. Seio esfenoidal
8. Seio frontal
9. Sulco do seio sigmoide
10. Poro acústico interno

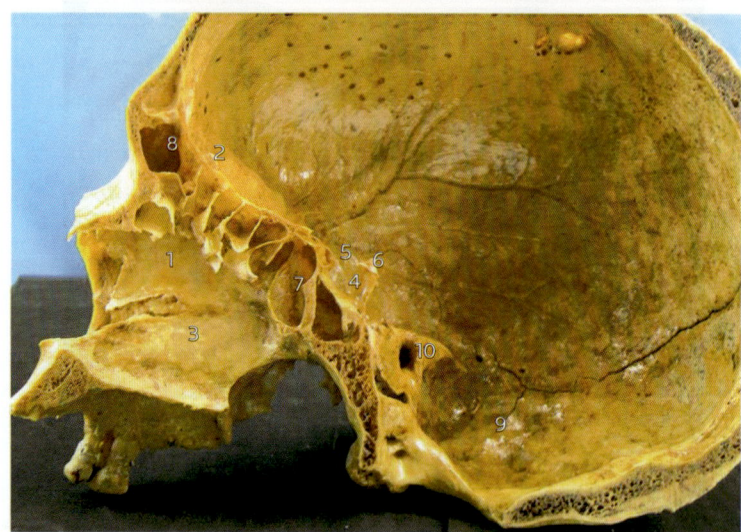

Figura 2.10 – Vista medial do hemicrânio (secção sagital mediana do crânio). (Gentileza de José Ari Gualberto Junqueira.)

Um corte mediano do crânio irá expor, de um lado, a cavidade nasal e, do outro, o septo nasal, formado pela lâmina perpendicular do etmoide e pelo vômer inferiormente. Ao observar o palato duro, na região anterior deste, abre-se superiormente o canal incisivo, cerca de 1 cm atrás da abertura piriforme.

Com a remoção do septo nasal, é possível identificar que a parede lateral da cavidade nasal é formada por maxila, ossos lacrimal, lâmina perpendicular do osso palatino, lâmina medial do processo pterigoide e pelo osso etmoide com as **conchas nasais média** e **superior**, além da concha nasal inferior, que delimitam as aberturas, os **meatos nasais superior**, **médio** e **inferior, respectivamente**.

1. Seio frontal
2. Seio maxilar
3. Seio etmoidal

Os meatos nasais comunicam a cavidade nasal com os seios paranasais (Fig. 2.11). O meato nasal médio comunica a cavidade nasal com os **seios maxilar** e **frontal** enquanto o **seio esfenoidal** com o meato nasal superior. Nessa vista, é fácil a observação dos seios frontal (anterior) e esfenoidal (atrás das conchas nasais média e superior), que podem apresentar septos no seu interior. Entre ambos situa-se o seio etmoidal, composto de 8 a 10 células etmoidais de variáveis formas e tamanhos. Essas células têm comunicação com o meato nasal médio e superior.

O seio maxilar **é o maior dos seios paranasais**. Localizado no corpo da maxila, mantém grande proximidade com o processo alveolar, principalmente

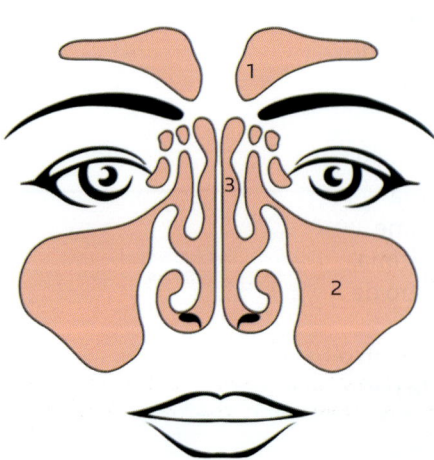

Figura 2.11 – Seios paranasais.

no nível dos dentes pré-molares e molares. Possui septos incompletos no seu interior, que se estendem por alturas variáveis. É possível identificar radiograficamente a projeção das raízes dentais para o interior do seio, mas estas são sempre recobertas pelo osso alveolar.

O exame do hemicrânio pela vista medial pode ser completado com o reconhecimento de outros detalhes anatômicos já estudados por outros ângulos de observação. O Quadro 2.1 apresenta um resumo dos forames, dos canais do crânio e dos elementos que os atravessam e de acordo com cada uma das vistas.

Seios paranasais

Cavidades pneumáticas localizadas ao redor da cavidade nasal com a função de aliviar o peso da face e aquecer o ar.

QUADRO 2.1

Vista anterior	• Canal óptico: nervo óptico e artéria oftálmica • Fissura orbital superior: nervos oculomotor, troclear, oftálmico, abducente e veias oftálmicas • Fissura orbital inferior: nervo maxilar, veia e artéria infraorbitais • Incisura (forame) supraorbital: nervo e artéria supraorbitais • Forame (e canal) infraorbital: nervo, artéria e veia infraorbitais • Forame (e canal) mentual: nervo, artéria e veia mentuais • Forame zigomaticofacial: nervo zigomaticofacial
Vista superior	• Forame parietal: veia emissária parietal
Vista lateral	• Forame mastóideo: veia emissária mastóidea • Forames (e canais) alveolares: nervos alveolares superiores e artéria alveolar superior posterior • Forame esfenopalatino: artéria esfenopalatina e nervos nasais posteriores superiores
Vista posterior	• Forame lingual (retromentual superior): artéria sublingual • Forame da mandíbula: nervo, artéria e veia alveolares inferiores
Vista inferior	• Forame (e canal) incisivo: nervo nasopalatino • Forame (e canal) palatino maior: nervo, artéria e veia palatinos maiores • Forames (e canais) palatinos menores: nervos, artérias e veias palatinos menores • Forame espinhoso: artéria meníngea média • Forame oval: nervo mandibular • Forame jugular: nervo glossofaríngeo, nervo vago, nervo acessório e veia jugular interna • Canal carótico: artéria carótida interna • Forame estilomastoide: nervo facial • Forame magno: artéria vertebral, nervo acessório, medula espinal • Canal condilar: veia emissária condilar • Canal do hipoglosso: nervo hipoglosso
Vista interior	• Lâmina cribriforme: nervos olfatórios • Forame redondo: nervo maxilar • Poro (e meato) acústico interno: nervo facial, nervo vestibulococlear

Sistema Articular

PAULO HENRIQUE FERREIRA CARIA
ANA CLÁUDIA ROSSI

As articulações são uniões ou junções entre dois ou mais ossos ou partes rígidas do esqueleto. Essas uniões não ocorrem da mesma maneira entre todos os ossos, motivo pelo qual há consideráveis variações entre as articulações.

As articulações podem ser classificadas de acordo com o tipo de tecido que se interpõe entre as superfícies articulares (classificação estrutural) ou de acordo com o grau de movimento articular (classificação funcional). Neste capítulo, será dada ênfase à classificação estrutural.

OBJETIVOS DE APRENDIZAGEM

- Conceituar articulação
- Classificar os tipos de articulação do corpo
- Descrever os componentes e as características das articulações em geral
- Classificar e identificar os componentes de uma articulação sinovial
- Definir os movimentos realizados pelos segmentos do corpo
- Descrever os componentes e as características da articulação temporomandibular

CLASSIFICAÇÃO ESTRUTURAL DAS ARTICULAÇÕES

Do ponto de vista estrutural, as articulações podem ser classificadas como fibrosas, cartilagíneas e sinoviais. A seguir, serão descritos cada um desses tipos e seus subtipos.

ARTICULAÇÕES FIBROSAS

São articulações nas quais os ossos são mantidos juntos firmemente por tecido conectivo fibroso. Essa união torna a mobilidade reduzida, embora o tecido conectivo interposto confira certa elasticidade, ocorrendo a produção de pequenos movimentos vibratórios. Existem três tipos de articulações fibrosas: suturas, sindesmoses e gonfoses.

SUTURAS

As suturas são encontradas entre os ossos do neurocrânio e do viscerocrânio. O tecido conectivo permanece interposto em razão da presença de entalhes nas extremidades dos ossos.

A maneira pela qual as bordas dos ossos articulados entram em contato é variável. Há as **suturas planas**, cuja união entre os ossos é aproximadamente retilínea, como as suturas do viscerocrânio (p. ex., sutura internasal, sutura intermaxilar); as **suturas escamosas**, em que a união ocorre em bisel (p. ex., sutura entre os ossos parietal e temporal); e as **suturas serreadas**, em que a união ocorre em forma de linha denteada (p. ex., sutura coronal, sutura sagital, sutura lambdóidea) (Fig. 3.1).

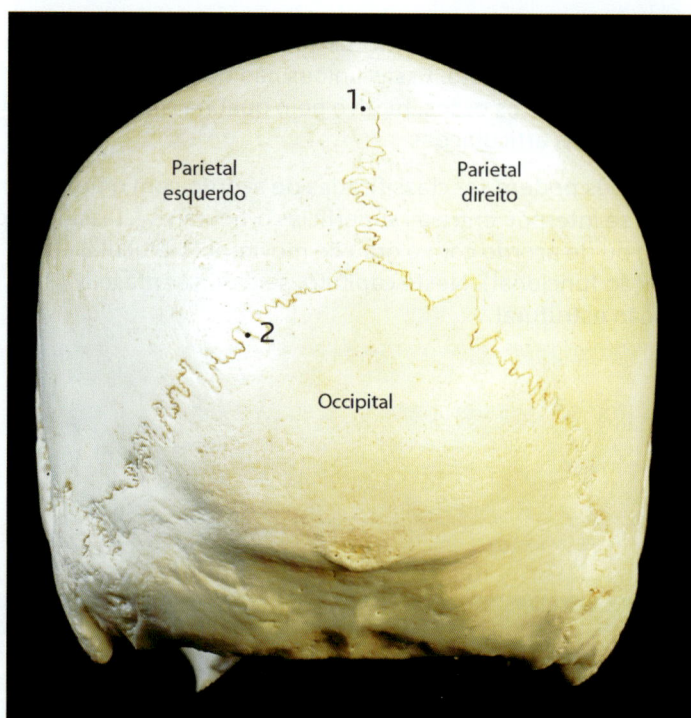

1. Sutura coronal
2. Sutura lambdóidea

Figura 3.1 – Vista posterior do crânio.
Fonte: Martini e colaboradores.[1]

SAIBA MAIS

Os fontículos proporcionam mobilidade, de modo que, no momento do parto, o crânio modifique seu formato para permitir a saída do feto para o meio exterior.

As suturas permitem o crescimento do crânio pela aposição de tecido ósseo neoformado às bordas ósseas. Cessado o crescimento, esse tecido involui, restando apenas o tecido fibroso, que faz a união entre os ossos. O novo osso provém de um tecido osteogênico existente no meio fibroso articular.

No feto e no recém-nascido, onde a ossificação é incompleta, há maior mobilidade dos ossos do crânio em decorrência da quantidade de tecido conectivo fibroso interposto, que é muito maior em razão do processo de crescimento. Essas regiões de maior quantidade de tecido conectivo fibroso são denominadas fontículos ou fontanelas. Com o passar do tempo, esse tecido fibroso vai desaparecendo por causa da fusão das suturas, sendo substituído por tecido ósseo. Esse processo de ossificação das suturas é denominado sinostose.

A cronologia de ossificação das suturas pode variar de indivíduo para indivíduo, mas, em geral, o fontículo anterolateral ossifica aos 3 meses, o posterior aos 4 meses, o posterolateral aos 6 meses e o anterior aos 2 anos de idade (Fig. 3.2). Ao nascimento, o osso frontal é dividido em duas metades cuja união começa no 2º ano de vida. Na maioria dos casos, a sutura frontal desaparece no 8º ano de vida. Entretanto, alguns indivíduos podem apresentar a permanência da sutura frontal na fase adulta da vida, o que é denominado sutura metópica.

SAIBA MAIS

A sinostose é lenta e gradual e se completa em cada estrutura em épocas diferentes, o que permite estimar a idade do crânio de um indivíduo desconhecido, após sua morte, pelo mapeamento de suas suturas.

LEMBRETE

O conhecimento acerca da sutura metópica permite que essa variação anatômica não seja interpretada como uma fratura em um exame radiográfico.

1. Fontículo anterolateral
2. Fontículo posterolateral
3. Fontículo anterior

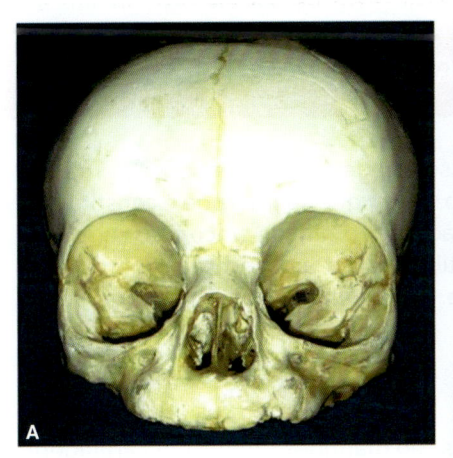

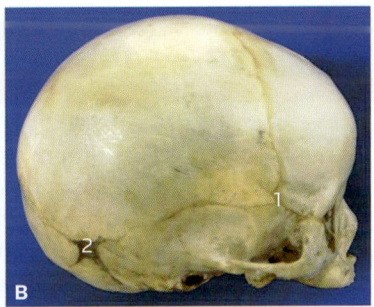

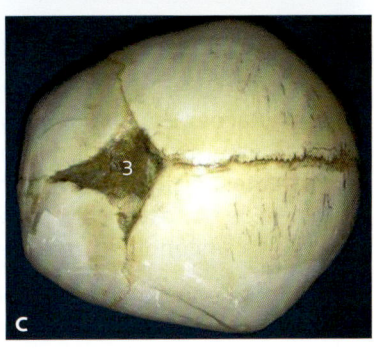

Figura 3.2 – Crânio de criança nas vistas (A) anterior; (B) lateral e, (C) superior, mostrando os fontículos.

SINDESMOSES

As sindesmoses são conexões de tecido conectivo fibroso entre as extremidades distais da tíbia e fíbula (sindesmose tibiofibular) (Fig. 3.3) e entre as diáfises do rádio e da ulna (sindesmose radioulnar). Essas conexões não possuem função de crescimento e nem ossificam com o passar da idade. Por apresentarem fibras de conexão mais longas do que as suturas, funcionam como uma membrana interóssea que permite pequenos deslizamentos.

GONFOSES

Este tipo de articulação fibrosa é específico da ligação entre as raízes dos dentes e os seus alvéolos (Fig. 3.4) nas maxilas e na mandíbula e tem a função de firmar o dente. Movimentos mínimos ocorrem nessa articulação, representando pequenos deslocamentos do dente em relação ao osso que o contém.

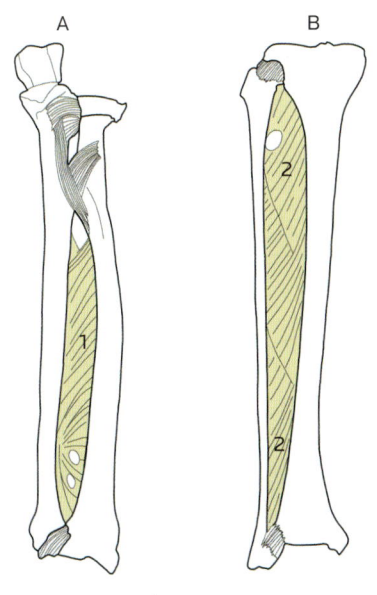

Figura 3.3 – (A) Sindesmose radioulnar e, (B) sindesmose tibiofibular.

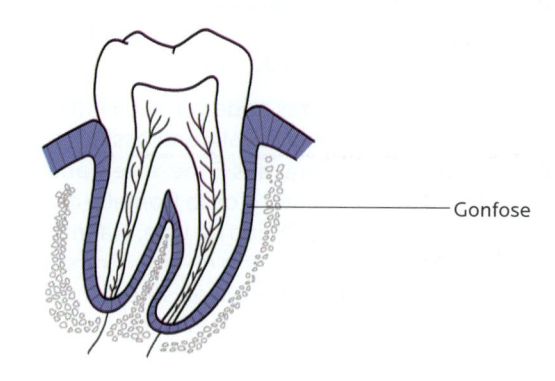

Figura 3.4 – Dente inferior em seu alvéolo representando uma gonfose.

ARTICULAÇÕES CARTILAGÍNEAS

Estas articulações constituem ossos unidos por cartilagem e permitem movimentos limitados. Quando o tecido que se interpõe é constituído de cartilagem hialina, a articulação é denominada **sincondrose**. Já quando o tecido interposto é cartilagem fibrosa (fibrocartilagem), a articulação é denominada **sínfise**. Em ambas, a mobilidade é reduzida.

SINCONDROSES

São articulações em que os ossos são mantidos unidos por cartilagem hialina. Existem dois tipos de sincondroses, as temporárias e as permanentes. A sincondrose temporária é aquela em que a cartilagem é substituída por osso, como ocorre na cartilagem epifisial dos ossos longos e na sincondrose esfeno-occipital.

A cartilagem epifisial (entre a epífise e a diáfise) possibilita o crescimento longitudinal dos ossos longos. Ao completar o crescimento, a cartilagem epifisial é substituída por osso. A sincondrose esfeno-occipital é de especial interesse para a odontologia, pois permite o crescimento ósseo da base do crânio no sentido anteroposterior até a idade dos 16 aos 18 anos de idade. Já a sincondrose permanente é aquela em que a cartilagem não é substituída por osso como acontece entre as primeiras dez costelas e suas cartilagens costais (cartilagem costocondral).

SÍNFISES

São articulações em que as superfícies articulares dos ossos são cobertas por uma fina camada de cartilagem hialina. Entre os ossos da articulação, há uma espessa camada de fibrocartilagem, que constitui a característica distintiva da sínfise. Essa camada de fibrocartilagem, por ser compressível, atua amortecendo choques mecânicos. A articulação entre os ossos púbicos (sínfise púbica) e a articulação entre os corpos vertebrais (discos intervertebrais) são exemplos de sínfises.

A sínfise da mandíbula é de especial interesse para a odontologia porque constitui a união mediana das duas hemimandíbulas do feto e do recém-nascido (Fig. 3.5). Aproximadamente aos 2 anos de vida, ocorre a fusão de ambos os ossos. Nos outros mamíferos, essa sínfise permanece por toda a vida.

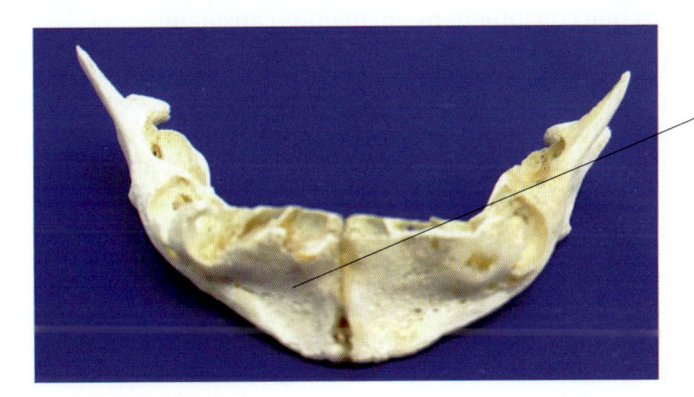

Figura 3.5 – Mandíbula de criança, na vista anterior, mostrando a sínfise.

ARTICULAÇÕES SINOVIAIS

São articulações que se movimentam livremente, sendo que o seu movimento é limitado somente por ligamentos, músculos, tendões e ossos adjacentes. A mobilidade exige livre deslizamento de uma superfície óssea contra a outra, o que é impossível quando entre elas se interpõem um meio de ligação, seja fibroso ou cartilagíneo. Por isso, as articulações sinoviais, que são de grande mobilidade, apresentam mais elementos constituintes e, portanto, são consideradas mais complexas.

A presença de componentes anatômicos como cavidade articular, líquido sinovial e cápsula articular é característica fundamental de uma articulação sinovial.

A **cavidade articular** (Fig. 3.6) consiste em um espaço virtual entre os ossos, no qual se encontra o líquido sinovial.

O **líquido sinovial** (sinóvia) é uma secreção viscosa transparente proveniente da membrana sinovial. A função do líquido sinovial é lubrificar e nutrir por capilaridade as cartilagens da articulação, as quais são avasculares. A membrana sinovial é a mais interna das camadas da cápsula articular, sendo formada por tecido conectivo frouxo e vilosidades. É abundantemente vascularizada e inervada.

A **cápsula articular** é um tecido conectivo frouxo e denso que envolve e une os ossos de uma articulação sinovial. A cápsula

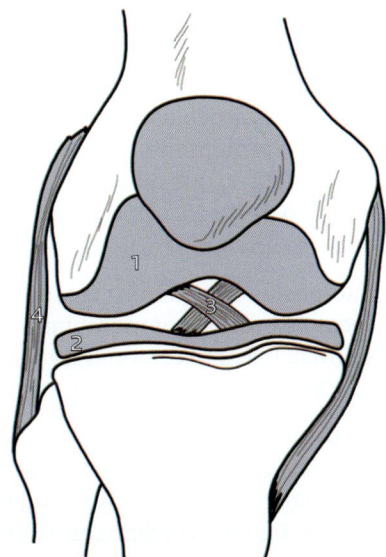

SAIBA MAIS

O líquido sinovial é uma verdadeira secreção ou dialisado do sangue. Contém ácido hialurônico, substância que lhe confere a viscosidade necessária à sua função lubrificadora.

1. Cartilagem articular
2. Menisco articular
3. Ligamento intra-articular
4. Ligamento extracápsular

Figura 3.6 – Vista anterior da articulação do joelho. A cápsula articular foi rebatida a fim de possibilitar a observação das demais estruturas. É um desenho que permite observar as estruturas sendo que o estudo deve ser feito no cadáver e não somente por meio do desenho.

articular é unida ao periósteo dos ossos. Assim, apresenta-se em duas camadas: uma externa, mais fibrosa (membrana fibrosa) e uma interna, conhecida como membrana sinovial, já descrita anteriormente. A primeira é mais resistente e pode ser reforçada em alguns pontos por feixes fibrosos que constituem os ligamentos capsulares.

Em muitas articulações sinoviais, existem ligamentos independentes da cápsula articular, denominados extracapsulares. Já em outras, como na do joelho, há ligamentos intracapsulares ou intra-articulares. A cápsula articular é bem inervada. Seus nervos captam a sensação dolorosa e também a proprioceptiva relacionada com o estiramento, levando essa informação ao sistema nervoso central para guiar posição e angulagem.

> **LEMBRETE**
> A redução na mobilidade da articulação pode levar à fibrose da cartilagem articular, com anquilose da articulação (perda da mobilidade).

Para que as superfícies articulares ósseas deslizem e girem em movimentação livre uma sobre a outra, elas são revestidas por uma fina camada de cartilagem hialina denominada cartilagem articular (Fig. 3.6). Essa cartilagem reduz o atrito e o desgaste entre os ossos e absorve choques mecânicos, pois os ossos estão em constante e mútua pressão. Nos locais de maior pressão, a cartilagem articular é mais espessa, o que torna as superfícies articulares lisas, polidas e de cor esbranquiçada.

A cartilagem articular é avascular e não possui inervação. Sua nutrição, portanto, principalmente nas áreas mais centrais, é precária, o que torna a regeneração, em caso de lesões, mais difícil e lenta. A nutrição da superfície interna da cartilagem articular, em contato com o tecido ósseo ocorre principalmente pelo líquido sinovial presente no interior das cavidades das articulações. O líquido sinovial é incolor, translúcido e viscoso, um dialisado do plasma sanguíneo proveniente da membrana sinovial que apresenta alto teor de ácido hialurônico e pequena quantidade de proteínas (globulinas e fibrinogênio). Serve também para lubrificar a cartilagem hialina que reveste as superfícies articulares sem pericôndrio. Além de fluido sinovial, também promove o transporte de substâncias entre a cartilagem articular avascular e o sangue dos vasos capilares da membrana sinovial. Os demais elementos da articulação são vascularizados.

> **Disco articular**
> É uma estrutura achatada formada por fibrocartilagem que está interposta entre duas superfícies articulares para amortecer choques e favorecer a movimentação articular.

Em várias articulações sinoviais encontram-se interpostos às superfícies articulares os **discos articulares**, que dividem a cavidade sinovial em duas (espaços supra e infradiscal). No joelho, esses discos são chamados de meniscos em virtude de sua forma de lua crescente. A função do disco articular é promover melhor adaptação entre as superfícies articulares (torná-las congruentes) e distribuir a pressão mais uniformemente, absorvendo os impactos. Possuem poucos vasos sanguíneos, o que dificulta sua capacidade de regeneração espontânea em caso de lesão. Um exemplo de disco articular importante para a odontologia é o da articulação temporomandibular.

Interpostas entre o músculo, ou tendão, e o osso, as **bolsas sinoviais** são sacos revestidos por membrana sinovial e preenchidas com líquido sinovial. Existem centenas de bolsas sinoviais no corpo humano, cuja função é reduzir o atrito entre as duas superfícies durante o movimento.

As **bainhas dos tendões** também são formações anexas. São sacos sinoviais cilíndricos que envolvem os tendões, encontrados quando estes cruzam articulações, para reduzir o atrito entre as superfícies ósseas. Os **coxins adiposos** de algumas articulações também ajudam na proteção. Servem também para preencher espaços, facilitar o deslizamento de estruturas circunjacentes e aliviar a pressão. Um exemplo típico é o coxim retrodiscal, encontrado na articulação temporomandibular.

MOVIMENTOS DAS ARTICULAÇÕES SINOVIAIS

O movimento das articulações depende das formas das superfícies articulares e de sua localização. De acordo com esses fatores, as articulações podem realizar movimentos em torno de um, dois ou três eixos, sendo esse o critério utilizado para classificá-las funcionalmente.

Quando uma articulação realiza movimentos em apenas um eixo, é denominada **monoaxial**, pois apresenta apenas um grau de liberdade. Como exemplo, temos a articulação do cotovelo, que permite apenas os movimentos de flexão e extensão.

Se uma articulação realiza movimentos em torno de dois eixos, é denominada **biaxial**, com dois graus de liberdade. A articulação radiocarpal (articulação do punho) é um exemplo de articulação biaxial, pois permite os movimentos de flexão, extensão, adução e abdução.

A articulação que realiza movimento em torno de três eixos é denominada **triaxial**, possuindo três graus de liberdade. Desse modo, as articulações que, além de flexão, extensão, abdução e adução, permitem também a rotação são ditas triaxiais. Um exemplo típico de articulação triaxial são as articulações do ombro e do quadril.

Existem ainda as articulações **planas ou deslizantes**, as quais são formadas pela aposição de superfícies achatadas ou levemente curvas, cujo movimento pode ocorrer em qualquer direção, sendo denominadas não axiais. Como exemplo, podem-se citar as articulações existentes entre as vértebras e nas articulações intercarpais e intertarsais.

O movimento de uma articulação faz-se, obrigatoriamente, em torno de um eixo, denominado eixo de movimento. A direção desses eixos é anteroposterior, laterolateral e longitudinal. Na análise do movimento realizado, a determinação do eixo de movimento é feita obedecendo às seguintes condições: o corpo do indivíduo deve estar em posição anatômica, e a direção do eixo do movimento é sempre perpendicular ao plano no qual se realiza o movimento em questão. Assim, todo movimento é realizado em um plano determinado, e seu eixo de movimento é perpendicular àquele plano.

Os movimentos executados pelos segmentos do corpo recebem nomes específicos, descritos a seguir.

DESLIZAMENTO: Os ossos se movem para a frente e para trás um sobre o outro. Constitui um movimento simples e comum. Ocorre, por exemplo, entre as cabeças das costelas e os corpos das vértebras.

MOVIMENTOS ANGULARES: Ocorre um aumento ou uma diminuição do ângulo entre dois ossos articulados movendo-se em um único plano.

FLEXÃO: O osso se move no plano anteroposterior para diminuir o ângulo entre ele e o osso com o qual está se articulando.

EXTENSÃO: Aumenta o ângulo entre os ossos articulados.

ABDUÇÃO: As partes do corpo movem-se lateralmente para longe do plano mediano.

ADUÇÃO: As partes do corpo movem-se medialmente em direção ao plano mediano.

CIRCUNDAÇÃO: Delineia um cone; a base é traçada pelo movimento da extremidade distal do osso, e o ápice fica na cavidade articular (p. ex., articulação do quadril e do ombro).

ROTAÇÃO: Movimento do osso ao redor de um eixo central longitudinal.

SUPINAÇÃO: Com o antebraço flexionado, girá-lo sobre o próprio eixo, voltando as palmas das mãos para baixo.

PRONAÇÃO: Com o antebraço flexionado, girá-lo sobre o próprio eixo, voltando as palmas das mãos para cima.

Há ainda outros movimentos, chamados especiais, apresentados no Quadro 3.1.

QUADRO 3.1 — MOVIMENTOS ESPECIAIS

Elevação	Suspensão de uma parte do corpo
Depressão	Abaixamento de uma parte do corpo
Inversão	Torção do pé de modo que a planta fique para medial
Eversão	Torção do pé de modo que a planta fique para lateral
Protração	Movimento de uma parte para anterior
Retração	Retorno da parte protraída para a posição usual

ARTICULAÇÃO TEMPOROMANDIBULAR

A articulação temporomandibular (ATM) é assim denominada porque articula a mandíbula, que é um osso móvel, com a base do crânio, especificamente com o osso temporal, bilateralmente. É uma das articulações sinoviais mais complexas por envolver a relação dentária com os movimentos articulares. Essa articulação é responsável pelos movimentos mandibulares realizados pela ação dos músculos da mastigação.

COMPONENTES ANATÔMICOS DA ATM

As faces articulares ósseas que compõem a ATM (Fig. 3.7) são a fossa mandibular e o tubérculo articular, situados no osso temporal (neurocrânio), e a cabeça da mandíbula, osso móvel (viscerocrânio). A cabeça da mandíbula também se relaciona com o osso temporal no processo retroarticular. Essa estrutura se localiza posteriormente à fossa mandibular e anteriormente ao poro acústico externo, limitando os movimentos realizados pela cabeça da mandíbula na direção posterior.

As superfícies articulares da ATM são recobertas por cartilagem fibrosa e não por cartilagem hialina como nas outras articulações sinoviais. Ela é esparsamente celular, com componentes orgânicos e inorgânicos, além de colágeno tipo II. Os espessos feixes de fibras colágenas estão subjacentes e paralelos à superfície articular. Eles atuam como uma camada limitadora, assim como distribuem as forças de compressão. Nas áreas funcionalmente mais importantes, ou seja, nos locais de maior impacto da articulação, a cartilagem fibrosa se torna mais espessa. Esses locais correspondem à vertente anterior da cabeça da mandíbula e à vertente posterior do tubérculo articular. Nas demais áreas, a cartilagem é mais delgada, especialmente no fundo da fossa mandibular.

As faces articulares da ATM são discrepantes. Assim, existe um disco articular interposto entre as faces articulares para que o movimento da mandíbula seja suave. O disco articular divide a cavidade articular

SAIBA MAIS

A nutrição das fibras colágenas é realizada pelo líquido sinovial, e a nutrição da fibrocartilagem, pelos vasos presentes no tecido ósseo.

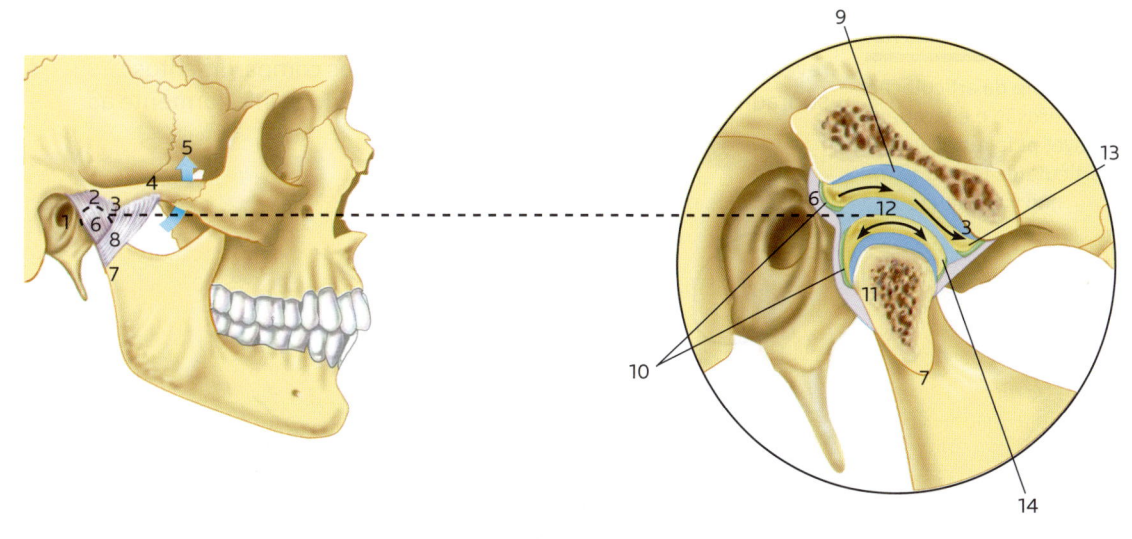

1. Meato acústico externo
2. Fossa mandibular
3. Tubérculo articular
4. Processo zigomático
5. Fossa infratemporal
6. Cápsula articular
7. Colo da mandíbula
8. Ligamento lateral
9. Cartilagem articular revestindo a fossa mandibular
10. Membranas sinoviais
11. Cabeça da mandíbula
12. Disco articular
13. Cavidade articular superior
14. Cavidade articular inferior

Figura 3.7 – Secção sagital da ATM.
Fonte: Marieb e Hoehn.[2]

em dois compartimentos, o supradiscal e o infradiscal. Ambos os compartimentos são preenchidos por líquido sinovial.

O disco articular é composto por fibrocartilagem que se situa sobre a cabeça da mandíbula, como se fosse um boné. A porção central do disco é mais delgada que as porções anterior e posterior, de modo que ele pode ser comparado com uma lente bicôncava. A extensão anterior do boné corresponde à parte anterior do disco, que excede os limites do côndilo e faz contato com o tubérculo articular.

O disco articular da ATM não se prende a nenhuma área do temporal, mas se insere nos polos medial e lateral da cabeça da mandíbula por meio de ligamentos. A inserção desses ligamentos faz o disco acompanhar a cabeça da mandíbula durante os movimentos de translação, mas permite movimentos de rotação sem que o disco se movimente. Anteriormente, além de se fusionar com a cápsula articular, o disco mantém contato com fibras da cabeça superior do músculo pterigóideo lateral. Posteriormente, a ligação entre o disco articular e a cápsula é intermediada pelo **coxim retrodiscal**, estrutura altamente vascularizada e inervada, formada por fibras colágenas elásticas, tecido adiposo, nervos e vasos sanguíneos.

As fibras periféricas do disco articular estão dispostas de maneira concêntrica, enquanto as fibras centrais têm disposição anteroposterior. As primeiras previnem o achatamento e o alargamento das suas dimensões, e as demais facilitam o seu deslizamento anteroposterior.

A ATM é envolvida por uma cápsula reticular (Fig. 3.8), formada por uma membrana de colágeno denso que dá estabilidade e que permite amplos movimentos da mandíbula. Essa cápsula prende-se, acima, nos limites da face articular do temporal, e, abaixo, no colo da mandíbula, sendo mais baixa posteriormente do que anteriormente.

A **membrana sinovial**, cuja função é produzir o **líquido sinovial**, reveste a cápsula articular internamente nos compartimentos supradiscal e infradiscal e estende-se superior e inferiormente ao

LEMBRETE
Apesar de ser fibroso e não hialino, o disco articular da ATM não se regenera ou se remodela após sofrer danos.

Líquido sinovial
Eficiente lubrificante da articulação sinovial, reduz a erosão e é também responsável pela nutrição das superfícies articulares (cartilagem) não vascularizadas.

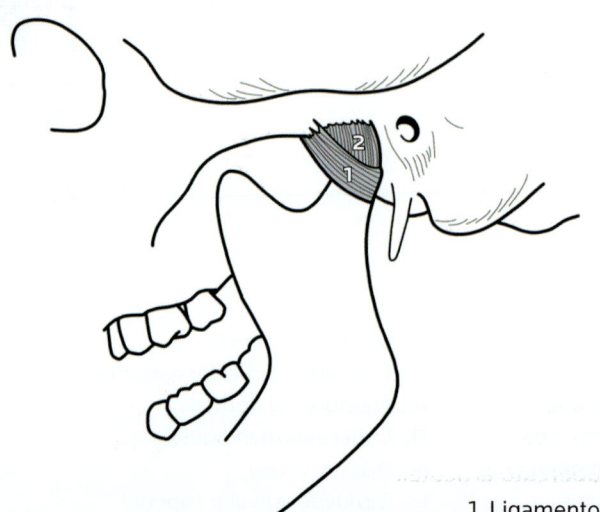

Figura 3.8 – Vista lateral da ATM.

1. Ligamento temporomandibular
2. Cápsula articular

coxim retrodiscal. Na membrana fibrosa que compõe a parte externa da cápsula e que lhe confere resistência, está inserido o **ligamento temporomandibular** (Fig. 3.8). Esse ligamento limita o movimento posterior da cabeça da mandíbula, principalmente em desdentados posteriores, nos quais falta intercuspidação de dentes para a ancoragem da posição da cabeça da mandíbula.

A **cápsula articular** apresenta inervação sensitiva, principalmente a proprioceptiva. Relaciona-se com os nervos auriculotemporal, massetérico e temporal profundo posterior. A vascularização da cápsula articular estende-se até a periferia do disco articular e a membrana sinovial. Recebe suprimento sanguíneo da artéria temporal superficial e da artéria timpânica anterior para os tecidos retrodiscais.

Os **ligamentos acessórios** da ATM são estruturas que, apesar de estarem distantes dela e não terem influência sobre seus movimentos, atuam como um suporte e um limite de movimento adicional. Tais ligamentos são o esfenomandibular (da espinha do esfenoide à língula da mandíbula) e estilomandibular (do processo estiloide ao ângulo da mandíbula).

A **vascularização** da ATM é proveniente de ramos que se originam da artéria maxilar e da artéria temporal superficial, que, por sua vez, se originam da artéria carótida externa. Esses ramos consistem nas artérias auricular profunda, meníngea média, temporal posterior, auricular posterior e occipital.

Dinâmica da ATM

A ATM pode realizar dois tipos de movimentos: rotação e translação. No movimento de rotação, a cabeça da mandíbula gira em torno de um eixo transversal. No movimento de translação, a cabeça da mandíbula se desloca na cavidade articular para frente, alcançando a eminência articular, e leva consigo o disco articular, o qual se encontra preso nos polos medial e lateral da cabeça da mandíbula. É possível afirmar, didaticamente, que ocorre a rotação da cabeça da mandíbula quando apenas um dedo pode ser interposto entre as bordas incisais dos dentes e translação quando a abertura bucal é maior que isso.

No início da abertura da boca, as cabeças da mandíbula realizam rotação no compartimento infradiscal da ATM, avançando até a parte delgada do disco articular. A cabeça superior do músculo pterigóideo lateral relaxa, a cabeça inferior do músculo pterigóideo lateral contrai.

Com a abertura maior da boca (amplitude além de 20 mm), ocorre deslizamento da cabeça da mandíbula e do disco articular sobre o tubérculo articular, e a zona central do disco fica interposta entre a cabeça da mandíbula e o tubérculo articular. O músculo pterigóideo lateral se contrai e leva essas estruturas para a frente, de modo que os ligamentos se alonguem dentro dos limites fisiológicos. A rotação ocorre até 20 a 25 mm de abertura bucal.

Quando termina a rotação entre a cabeça da mandíbula e o disco articular, inicia-se o deslizamento anterior e inferior dessas estruturas em direção ao tubérculo articular.

SAIBA MAIS

Ao abrirmos a boca, ocorrem os movimentos de rotação e translação. A combinação desses movimentos permite que a mandíbula realize os movimentos de abertura, fechamento, lateralidade, protrusão e retrusão.

4

Sistema Muscular

PAULO HENRIQUE FERREIRA CARIA
FELIPPE BEVILACQUA PRADO

Miologia (do grego *mio*, músculo, e *logia*, estudo) é a área da anatomia que estuda os músculos e seus anexos. A miologia é estudada pela anatomia descritiva e aborda parâmetros como situação, localização, número, direção, forma, tipo de inserção e mecanismo de inserção dos músculos. A miologia também estuda as relações dos músculos com outras estruturas, como os vasos e nervos, incorporando informações sobre sua topografia.

O sistema muscular é formado por músculos voluntários ou estriado esquelético, que correspondem à maioria dos músculos do corpo humano, e por músculos involuntários (músculo estriado cardíaco e músculo liso). Os músculos esqueléticos são chamados de voluntários porque agem sob o controle consciente do sistema nervoso somático, diferentemente dos involuntários (musculatura lisa, visceral e cardíaca), cujo controle é do sistema nervoso autônomo.

OBJETIVOS DE APRENDIZAGEM

- Conceituar e classificar os diferentes tipos de músculos
- Definir as funções musculares
- Identificar os componentes musculares
- Reconhecer as diferentes classificações dos músculos

SAIBA MAIS

Os músculos são os elementos ativos no movimento; a parte passiva é formada pelos sistemas esquelético e articular. Durante a contração muscular, o corpo e suas partes são movimentados, produzindo energia e calor.

TIPOS DE MÚSCULOS

De acordo com critérios relacionados ao controle (voluntário ou involuntário), à presença (ou não) de estrias nas fibras musculares em nível microscópio, à localização e à composição em órgãos cavitosos do corpo ou de vasos sanguíneos, existem três tipos de músculo, descritos a seguir.

O **músculo estriado esquelético**, assim denominado porque está preso aos ossos, apresenta estrias com núcleos distribuídos pela periferia da célula. Sua contração promove o movimento e a estabilidade dos ossos e de outras estruturas do corpo, uma vez que a maioria está fixada no esqueleto. A contração dos músculos esqueléticos é um ato consciente, voluntário, portanto controlado pelo sistema nervoso central.

O **músculo estriado cardíaco** é involuntário. Também possui estrias, mas as fibras são quadrangulares, com um ou dois núcleos localizados no centro. Esse tipo de músculo compõe a maior parte das paredes do coração, e suas contrações são controladas pelo sistema nervoso autônomo, por hormônios e por fatores intrínsecos. As células são estriadas.

O **músculo liso** é visceral e involuntário e não possui estrias. Forma parte das paredes da maioria dos vasos sanguíneos e órgãos ocos, auxiliando no deslocamento de substâncias no seu interior por meio de contrações peristálticas ou pulsações coordenadas, controladas pelo sistema nervoso autônomo.

MÚSCULOS ESQUELÉTICOS

Os músculos esqueléticos podem apresentar um ou mais **ventres musculares**, porções carnosas contráteis e avermelhadas, em virtude da presença de ferro trazido pelo sangue. A maioria dos músculos possui ainda **tendões** em suas extremidades, que são estruturas esbranquiçadas, não contráteis, formadas por fibras de colágeno organizadas, responsáveis pela ancoragem dos músculos junto aos ossos ou articulações.

FUNÇÕES MUSCULARES

Os músculos esqueléticos atuam no movimento do corpo, em ações como andar e correr, e no posicionamento e na sustentação do corpo, estabilizando as posturas e posições corporais. Os músculos esqueléticos também estabilizam as articulações, propiciando a manutenção das posições corporais, como ficar em pé ou sentar.

A contração dos músculos lisos movimenta substâncias dentro do corpo, como a movimentação do fluxo da linfa, o retorno do sangue para o coração, o controle da pressão arterial ou a intensidade do fluxo sanguíneo no interior dos vasos. Os músculos lisos também atuam na movimentação do alimento no tubo digestivo, por meio dos movimentos peristálticos, e na movimentação da urina e dos gametas nos sistemas urinário e reprodutor, respectivamente.

Os músculos atuam ainda no controle do volume dos órgãos ocos, como estômago e intestino, pelo controle dos esfíncteres (válvulas), permitindo ou impedindo a saída do conteúdo de seu interior. Além disso, fornecem calor, que é usado na manutenção da temperatura corporal.

ANATOMIA GERAL

SAIBA MAIS

O corpo humano possui cerca de 600 músculos, que equivalem a 30 a 40% do peso corporal.

Os músculos esqueléticos são compostos de células musculares especializadas, as **fibras musculares**, que apresentam a propriedade da contratilidade, e estão envolvidos por **tecido conjuntivo**, que as mantém unidas por meio de delgadas bainhas membranosas, denominadas **fáscias**. Há uma fáscia superficial, que separa os músculos esqueléticos da pele, e uma fáscia muscular, localizada sob a pele, que consiste em uma lâmina de tecido conjuntivo fibroso que circunda os músculos e outros órgãos do corpo.

O tecido conjuntivo possui três componentes anatômicos.
A camada externa de tecido conjuntivo que circunda todo o músculo, denominada **epimísio**, é considerada a verdadeira fáscia. O **perimísio**, fáscia que penetra nos músculos e separa as fibras em feixes chamados fascículos, circunda grupos de aproximadamente 10 a 100 fibras musculares individuais. Já o **endomísio** é uma delgada extensão da fáscia que penetra no interior de cada fascículo e separa e envolve as fibras musculares individuais.

COMPONENTES ANATÔMICOS DOS MÚSCULOS ESQUELÉTICOS

Os músculos estriados esqueléticos são compostos por tendões, ventre, aponeuroses e fáscia muscular.

Os **tendões** são extensões de tecido conjuntivo denso modelado presentes nas extremidades dos músculos. Podem apresentar comprimento variado, são inseridos no periósteo e podem se apresentar em forma de fita, cilíndrica ou laminares.

O ventre muscular é o maior segmento do músculo estriado esquelético. Contrátil, suas fibras se encurtam promovendo a contração muscular. Tem coloração avermelhada por ser muito vascularizado, pois o sangue carrega ferro.

A **aponeurose** é uma membrana formada por tecido conjuntivo que envolve grupos musculares. É semelhante a um tendão largo e delgado em forma de lâminas ou leques.

O **ventre muscular** é a porção mais alargada e ativa do músculo, constituída por fibras musculares contráteis. É carnoso e avermelhado, em virtude da presença de ferro trazido pelo sangue.

A **fáscia muscular** é uma membrana protetora que separa os músculos, como uma bainha de contenção que favorece seu deslizamento e o desempenho muscular, além de servir de via de passagem de vasos e nervos. A fáscia muscular também serve de inserção para diversos músculos superficiais.

Inserção muscular é o local onde o músculo está preso, ancorado, geralmente no osso. A inserção pode ser proximal, junto à raiz do membro (superior ou inferior) ou distal (distante da raiz do membro (superior ou inferior).

CLASSIFICAÇÃO MORFOLÓGICA

Os feixes de fibras musculares podem correr paralelamente ao longo do eixo do músculo, produzindo considerável movimento com pouca força. Os feixes também podem se inserir diagonalmente em um tendão que corre no comprimento do músculo e produzir menor movimento com grande potência.

LEMBRETE

Origem é a extremidade de menor mobilidade do músculo durante a contração. É um ponto fixo e geralmente proximal. **Inserção** é um ponto móvel, mais distal do músculo.

Fibras com **disposição paralela** são encontradas nos músculos longos, nos quais predomina o comprimento, e nos músculos largos, cujo comprimento e largura se equivalem. Nos músculos longos, é muito comum notar-se uma convergência das fibras musculares em direção aos tendões de origem e inserção. Nesse caso, o músculo é chamado de **fusiforme**.

Já músculos largos têm fibras que tendem a convergir para um tendão em uma das extremidades, adotando o aspecto de leque (p. ex., músculos glúteo máximo e temporal). Os músculos masseter e esternocleidomastóideo são exemplos de músculos curto e longo, respectivamente.

Músculos fusiformes

Apresentam diâmetro maior na parte média do que nas extremidades. São frequentes nos membros.

As fibras com **disposição oblíqua** estão presentes nos músculos penados e são semelhantes às bordas de uma pena. Podem ser do tipo **unipenado**, em que todos os fascículos se inserem no mesmo lado do tendão (p. ex., músculo extensor longo dos dedos); do tipo **bipenado**, em que os fascículos se inserem em ambos os lados do tendão (p. ex., músculo reto femoral); ou ainda do tipo **multipenado**, no qual há a convergência de diversos tendões (p. ex., músculo peitoral maior).

Além do arranjo das fibras, os músculos também podem ser classificados morfologicamente quanto à sua forma, localização, origem, inserção, quantidade de ventres musculares, ação e tamanho (Quadro 4.1).

QUADRO 4.1 – CLASSIFICAÇÃO MORFOLÓGICA DOS MÚSCULOS

Quanto à forma	O arranjo das fibras se dispõe de forma semelhante a formas geométricas (p. ex., músculos trapézio, serrátil, deltoide)
Quanto à localização	Os músculos são classificados de acordo com a sua localização, portanto são denominados, p. ex., músculo tibial anterior, tibial posterior, pterogóideo medial, pterigóideo lateral, supra-escapular, sub-espinha
Quanto à origem	Os músculos que se originam em mais de um tendão ou apresentam mais de uma cabeça de origem são classificados como bíceps, tríceps ou quadríceps, conforme o número de cabeças de origem (p. ex., músculos bíceps braquial, tríceps braquial, quadríceps femoral)
Quanto à inserção	Quando há dois tendões, são classificados como bicaudados (p. ex., músculo flexor dos dedos da mão). Quando há três ou mais tendões em sua inserção, são classificados como policaudados (p. ex., músculo extensor longo dos dedos)
Quanto ao ventre muscular	Alguns músculos apresentam mais de um ventre muscular, com tendões intermediários situados entre eles. São classificados como digástricos (com dois ventres) e poligástricos (com mais de dois ventres)
Quanto à ação muscular	Os músculos são denominados de acordo com a ação que executam. Por isso são chamados, p. ex., extensor longo dos dedos, supinador, pronador redondo, pronador quadrado, flexor ulnar do carpo, flexor profundo dos dedos, adutor longo, adutor curto, adutor magno
Quanto ao tamanho	(p. ex., glúteo máximo, glúteo mínimo, redondo menor, adutor magno)

CLASSIFICAÇÃO FUNCIONAL

Os músculos operam em grupos com ações primárias e secundárias, as quais permitem sua classificação funcional.

Os músculos **agonistas** são os agentes principais na execução de um movimento. Dividem-se em motores primários, que participam mais intensamente da execução do movimento, e motores secundários. Já os músculos **antagonistas** são aqueles que se opõe ao trabalho de um músculo agonista.

Os músculos antagonistas atuam no sentido contrário aos agonistas, pois alongam-se (**contração excêntrica**) gradativamente durante a contração dos agonistas (**contração concêntrica**), permitindo que o movimento seja harmônico e não robotizado com contrações espasmódicas. Por exemplo, na elevação da mandíbula, o músculo masseter é agonista e o músculo digástrico é antagonista. Já no movimento contrário, no abaixamento da mandíbula, o músculo digástricos torna-se agonista, e o masseter, antagonista.

Músculo **sinergista** é aquele que se contrai ao mesmo tempo em que o agonista, mas não é o principal músculo responsável pelo movimento ou manutenção da postura. Normalmente, o músculo sinergista é auxiliar ao movimento, sendo que existe mais de um músculo sinergista em um movimento articular.

Durante os movimentos musculares, alguns músculos, ou grupos musculares, promovem a fixação ou a estabilizam de uma articulação para que outros músculos possam executar outro movimento. Em razão dessa função de estabilização ou fixação são denominados músculos **fixadores**.

Como exemplo temos os músculos elevadores da mandíbula durante o movimento de deglutição. Com a contração dos músculos elevadores da mandíbula, os dentes entram em contato (oclusão dentária) e os músculos da língua, palato e supra-hióideos, em conjunto, promovem a deglutição. Ao mesmo tempo, os músculos infra-hióideos puxam o osso hióide para baixo, agindo como antagonistas ao movimento de deglutição.

CONTRAÇÃO DO MÚSCULO ESQUELÉTICO

Cada fibra muscular é inervada por um único **motoneurônio**, mas um motoneurônio pode inervar várias fibras musculares. Ao alcançar um determinado músculo esquelético, os motoneurônios formam uma estrutura denominada junção neuromuscular (mioneural).

Quando o impulso nervoso alcança a junção neuromuscular, o terminal do axônio libera acetilcolina, substância química que age sobre a porção muscular provocando sua contração. Ou seja, após o impulso nervoso alcançar a junção neuromuscular, o músculo esquelético se contrai.

Tono minguante

Pequena contração muscular opositora cuja função é tornar o movimento controlado, equilibrado e suave, sem socos ou vibrações.

LEMBRETE

Um músculo que, em determinado momento, atua como agonista, em outro pode atuar como antagonista, fixador ou mesmo sinergista.

Motoneurônio

Neurônio que leva (conduz) o impulso do sistema nervoso central para o músculo, tornando-o ativo.

Unidade motora

Conjunto formado pelo motoneurônio e pelas fibras musculares inervadas por ele.

SAIBA MAIS

Os motoneurônios apresentam prolongamentos, chamados de axônios, que chegam a atingir mais de 1 metro de comprimento no homem.

PRINCIPAIS MÚSCULOS DO CORPO

Como profissional da área de saúde envolvido em atividades multidisciplinares, o cirurgião-dentista deve conhecer os principais músculos do corpo humano. Nas Figuras 4.1 a 4.6, são vistos os principais músculos do tronco, do abdome, do membro superior e do membro inferior.

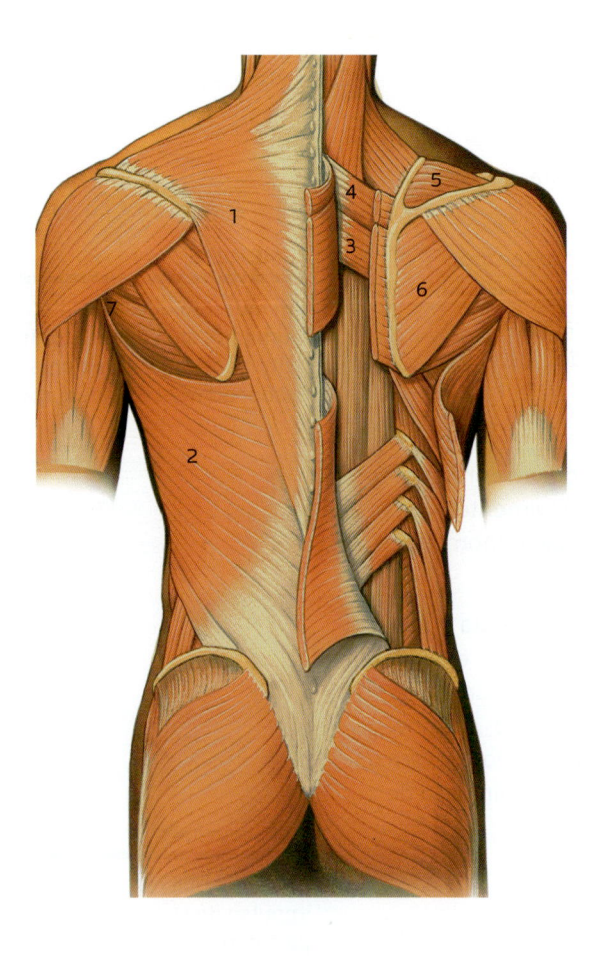

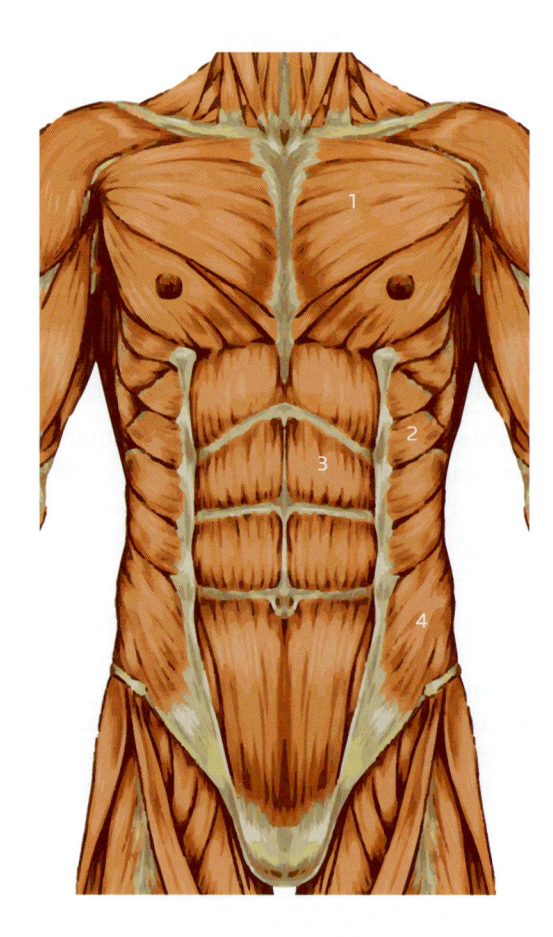

1. Músculo trapézio
2. Músculo grande dorsal
3. Músculo romboide maior
4. Músculo romboide menor
5. Músculo supraespinal
6. Músculo infraespinal
7. Músculo redondo menor

Figura 4.1 – Vista posterior do dorso. Lado direito com dissecção profunda.
Fonte: Martini e colaboradores.[1]

1. Músculo peitoral maior
2. Músculo serrátil anterior
3. Músculo reto do abdome
4. Músculo oblíquo externo

Figura 4.2 – Vista anterior dos músculos do tronco (tórax e abdome).

Anatomia geral e odontológica

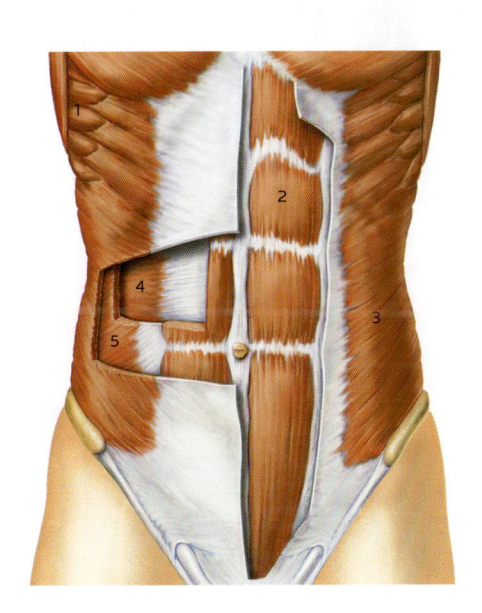

1. Músculo serrátil anterior
2. Músculo reto do abdome
3. Músculo oblíquo externo
4. Músculo oblíquo interno
5. Músculo transverso do abdome

Figura 4.3 – Vista anterior do abdome, lado esquerdo com dissecção profunda.
Fonte: Marieb e Hoehn.[2]

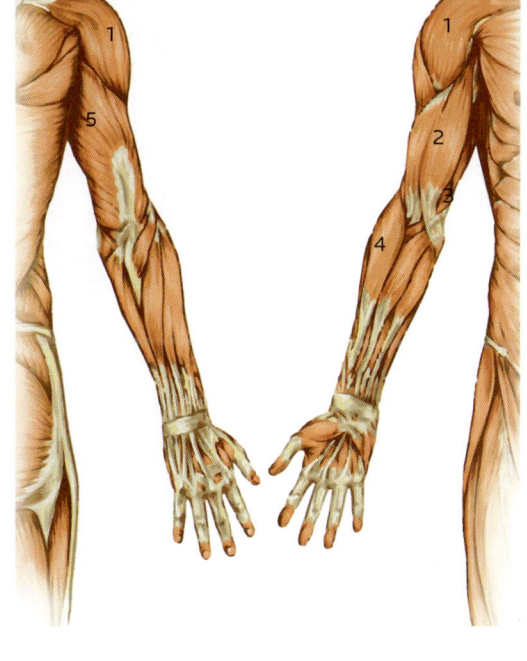

1. Músculo deltoide
2. Músculo bíceps braquial
3. Músculo braquial
4. Músculo braquiorradial
5. Músculo tríceps braquial

Figura 4.4 – Vista posterior e anterior dos músculos do membro superior.
Fonte: Marieb e Hoehn.[2]

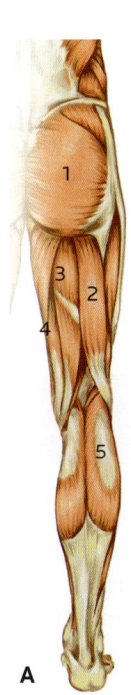

1. Músculo glúteo máximo
2. Músculo bíceps femoral
3. Músculo semitendíneo
4. Músculo semimembranáceo

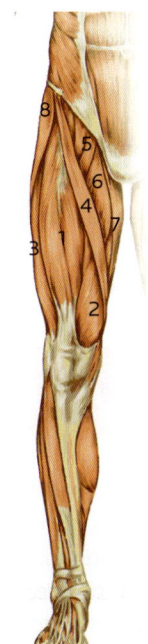

1. Músculo reto femoral
2. Músculo vasto medial
3. Músculo vasto lateral
4. Músculo sartório
5. Músculo pectíneo
6. Músculo adutor longo
7. Músculo grácil
8. Músculo tensor da fáscia lata

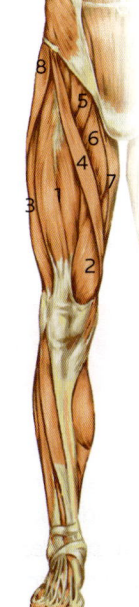

Figura 4.5 – Principais músculos do membro inferior. (A) Vista posterior da coxa. (B) Vista anterior da coxa.
Fonte: Marieb e Hoehn.[2]

1. Músculo gastrocnêmio
2. Músculo tibial posterior
3. Músculo flexor longo dos dedos
4. Músculo fibular longo
5. Músculo tibial anterior
6. Músculo extensor longo dos dedos
7. Músculo sóleo (cortado)

Figura 4.6 - Músculos da perna. (A), vista posterior; (B), vista posterior, com remoção do m. gastrocnêmio; (C) vista anterior.
Fonte: Marieb e Hoehn.[2]

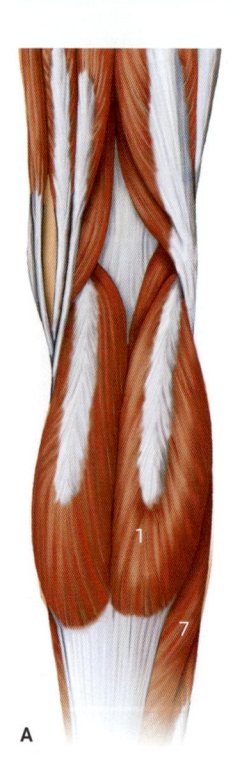

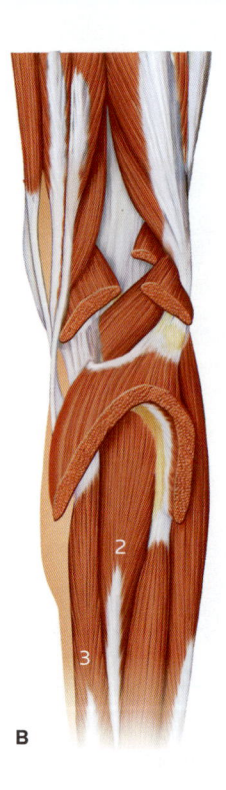

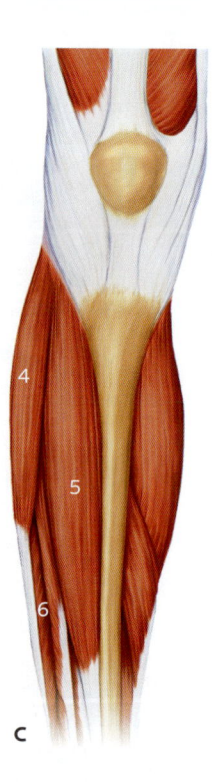

MÚSCULOS DA CABEÇA

Os músculos curtos da nuca ou suboccipitais são dois pares de **retos posteriores** e **oblíquos** que se estendem entre as duas primeiras vértebras cervicais e o osso occipital e flexionam a cabeça para trás. Esses músculos são recobertos por outros mais longos, o **esplênio da cabeça**, o **semiespinal da cabeça** e o **trapézio**, que também movem a cabeça posteriormente.

Como o esplênio da cabeça se insere na linha nucal superior, indo até o processo mastoide, ele pode, com o músculo **esternocleidomastóideo** (origem no esterno e na clavícula e inserção no processo mastoide), girar e flexionar a cabeça lateralmente. A cabeça é movimentada para a frente por dois músculos pré-vertebrais que vão de vértebras cervicais até a parte basilar do occipital: o **reto anterior da cabeça** e o **longo da cabeça**.

MÚSCULOS DA EXPRESSÃO FACIAL

São também chamados de músculos cuticulares da face, porque se inserem na cútis ou pele (e também na mucosa) e a movimentam, criando expressões e promovendo os atos de falar, comer e piscar. São pequenos, superficiais, desprovidos de fáscia e frequentemente se entrelaçam, tornando difícil sua individualização anatômica e funcional (Fig. 4.7).

A contração dos músculos da expressão facial provoca, com o tempo, o aparecimento de pregas ou rugas faciais pelo fato de movimentar a pele sempre na mesma direção. Essas pregas aparecem como depressões transitórias em forma de linha ou fossa, sempre perpendiculares à direção das fibras dos músculos que entram em contração. Com o passar do tempo, vão se vincando cada vez mais, até se tornarem permanentes.

Só um deles é constritor dos lábios (músculo orbicular da boca); os demais são dilatadores.

A seguir, são descritos cada um dos músculos peribucais (Fig. 4.8).

MÚSCULO ORBICULAR DA BOCA

Recheia inteiramente os lábios dentro de seus limites: nariz, sulco mentolabial, sulcos nasolabiais e sulcos labiomarginais, quando existem. Suas fibras podem ser divididas em um grupo superior e outro inferior que se entrecruzam em ângulos agudos ao lado da comissura da boca. Muitas fibras musculares (nem todas) se inserem na mucosa e na pele dos lábios. Como resultado da inserção localizada de um forte feixe muscular, em algumas pessoas, pequenas fossas são visíveis na pele do lábio.

Casos de hipotonicidade deste músculo podem ocorrer, deixando os lábios sem força e afastados entre si. Acompanha este quadro a má posição dos dentes. No tratamento, são recomendados exercícios continuados e repetidos para corrigir a insuficiência.

ORIGEM: Este músculo quase não possui origem óssea; poucos de seus fascículos se fixam na espinha nasal anterior e nas fóveas incisivas da maxila e da mandíbula.

INSERÇÃO: Pele e mucosa dos lábios.

FUNÇÃO: Pela sua disposição circular provoca a constrição dos lábios quando acionado; em outras palavras, fecha a boca, aperta os lábios e os comprime contra os dentes. Funciona no assoprar, beijar e também protrai a parte marginal dos lábios.

MÚSCULOS QUE ELEVAM O LÁBIO SUPERIOR

São três, sendo que o mais volumoso deles é o **levantador do lábio superior**. O menor deles é o **músculo zigomático menor**, com origem no osso zigomático. O terceiro, estreito e longo, tem origem no processo frontal da maxila ao nível do ângulo do olho: é o **levantador do lábio superior e da asa do nariz**.

ORIGEM: Próximo à margem infraorbital, logo acima do forame infraorbital. Todos os três são cobertos, em suas origens, pelo músculo orbicular do olho.

ATENÇÃO

Como os músculos faciais não possuem fáscia muscular e têm a tela subcutânea (fáscia superficial) frouxa, as dilacerações faciais tendem a se afastar e formar cicatrizes se não forem bem suturadas. Além disso, as lesões e inflamações da face podem gerar acúmulo de líquido e sangue abaixo da pele, acarretando áreas arroxeadas e/ou tumefatas.

SAIBA MAIS

O nervo facial é o responsável pela movimentação dos músculos da expressão facial.

INSERÇÃO: De suas origens, os três músculos convergem em direção à pele do lábio superior, onde se inserem, mas fibras do último músculo mencionado inserem-se também na asa do nariz.

FUNÇÃO: Por serem duplos, realizam uma ação conjunta de elevação de todo o lábio superior. O levantador do lábio superior e da asa do nariz, como seu próprio nome diz, eleva também a asa do nariz.

MÚSCULO LEVANTADOR DO ÂNGULO DA BOCA

É mais curto e profundo em relação aos três músculos precedentes e, portanto, completamente recoberto pelo mais largo deles, o levantador do lábio superior. Entre os dois, há tecido conjuntivo frouxo e vasos e nervo infraorbitais.

ORIGEM: Na fossa canina, por conseguinte, abaixo do forame infraorbital.

INSERÇÃO: De acordo com a própria denominação, no ângulo da boca, entrelaçando suas fibras com as de outros músculos que nele também se inserem.

FUNÇÃO: Eleva, especificamente, o ângulo da boca.

MÚSCULO ZIGOMÁTICO MAIOR

É conhecido também como músculo do riso por causa da sua ação de levar para cima e para fora o ângulo da boca, dando aos lábios uma conformação arqueada.

ORIGEM: No corpo do osso zigomático.

INSERÇÃO: Da origem, estende-se inferior e medialmente como uma longa faixa, cruzando fibras superiores do músculo bucinador, das quais é separado pelo corpo adiposo da bochecha, e se insere no ângulo da boca.

FUNÇÃO: Puxa o ângulo da boca em direção ao osso zigomático.

MÚSCULO RISÓRIO

É muito tênue, com feixes separados uns dos outros. Eventualmente ausente. Não tem nenhuma ancoragem óssea; fixa-se nos tecidos moles à sua volta, principalmente na pele.

ORIGEM: Ainda que possa ter alguma fixação na fáscia massetérica ou na fáscia parotídea, o mais certo é sua origem na pele da bochecha, que, durante a contração do músculo, é tracionada a ponto de mostrar uma fossa (covinha).

INSERÇÃO: No ângulo da boca.

FUNÇÃO: Retrai lateralmente o ângulo da boca, contribuindo assim para o sorriso.

MÚSCULO BUCINADOR

Situa-se na bochecha, com a sua superfície interna bem aderida à mucosa e a superfície externa coberta pela pele, mas bem separada dela por farta quantidade de tela subcutânea. É separado também por partes dos músculos zigomático maior e abaixador do lábio inferior e pelo ducto parotídeo, que o perfura para se abrir no vestíbulo da boca.

ORIGEM: A partir de duas linhas horizontais ao longo da base do processo alveolar da maxila e da mandíbula e do ligamento pterigomandibular, que o separa do músculo constritor superior da faringe.

INSERÇÃO: Seus feixes convergem para o ângulo da boca (com muitas fibras que o ultrapassam e invadem os dois lábios por curta distância) e se entrelaçam com fibras do orbicular da boca.

FUNÇÃO: Manter a bochecha tensa durante a mastigação para evitar que ela se dobre e seja ferida pelos dentes. Ademais, força o alimento que fica alojado no vestíbulo a retornar para a cavidade própria da boca a fim de ser triturado. Age também no sopro e na sucção.

MÚSCULO ABAIXADOR DO ÂNGULO DA BOCA

Músculo triangular e bastante superficial. Este é o quinto músculo descrito que tem inserção no ângulo da boca, com seus feixes de fibras imiscuídas com fibras do orbicular da boca.

ORIGEM: Na base da mandíbula, em uma linha que vai da região molar ao tubérculo mental.

INSERÇÃO: De sua larga origem, as fibras convergem para se inserir no ângulo da boca, daí seu aspecto de triângulo.

FUNÇÃO: O nome do músculo indica sua função.

MÚSCULO ABAIXADOR DO LÁBIO INFERIOR

É quadrilátero e parcialmente coberto pelo anterior. Os dois músculos juntos, a cada lado, escondem o forame mental e seus vasos e nervo, por recobri-los.

ORIGEM: Em uma linha imediatamente acima da linha de origem do abaixador do ângulo da boca.

INSERÇÃO: Lábio inferior.

SAIBA MAIS

Todos os músculos se inserem por fibras tendíneas, ainda que sejam muito pequenas, quase insignificantes. Esse conjugado de elementos determina o surgimento de um espesso nódulo tendíneo, conhecido como modíolo do ângulo da boca.

FUNÇÃO: O nome do músculo indica sua função.

MÚSCULO MENTUAL

Músculo duplo, situado um ao lado do outro no mento, entre os músculos abaixadores do lábio inferior. É responsável, juntamente com a protuberância mentual, pela proeminência mediana característica do mento. Suas fibras vão diretamente do osso à pele (horizontalmente, para a frente), às vezes provocando o aparecimento de uma covinha.

ORIGEM: Na fossa mentual, acima do tubérculo mentual.

INSERÇÃO: Insere-se firmemente na pele do mento.

FUNÇÃO: Eleva a pele do mento e vira o lábio inferior para fora (movimento de eversão).

MÚSCULO PLATISMA

Apesar de não ser um músculo peribucal, fica nas proximidades da boca porque se fixa na mandíbula, inferiormente ao abaixador do ângulo da boca. Cobre extensa área anterior do pescoço e chega a avançar pela área lateral, com sua lâmina muscular longa, larga e delgada.

ORIGEM: Aspecto anterior da base da mandíbula.

INSERÇÃO: Em toda a pele da área que ocupa no pescoço.

FUNÇÃO: Enruga a pele do pescoço na qual se insere.

Os demais músculos da expressão facial, não peribucais, fogem do propósito deste capítulo e por isso não serão descritos. Eles são os seguintes: **orbicular do olho**, **occipitofrontal**, **prócero**, **corrugador do supercílio** e **nasal**.

PARALISIA FACIAL

Não muito raramente, os músculos de um dos lados da face são acometidos de paralisia, total ou parcial, causada por lesões do seu nervo motor, o nervo facial.

Essa condição desfigura a face; os músculos comprometidos perdem seu tono e gradualmente se tornam atróficos, e as pregas ficam menos marcadas. O ângulo da boca é puxado para o lado normal quando a pessoa tenta sorrir. Ela não consegue assobiar ou assoprar, e sua fala se altera particularmente nas consoantes labiais. Além disso, pode escorrer saliva pelo ângulo da boca.

O músculo bucinador não ajuda na mastigação, e a mucosa da bochecha pode ser ferida a todo o momento pelos dentes. O alimento fica retido no vestíbulo e precisa ser empurrado com a mão.

Anatomia geral e odontológica

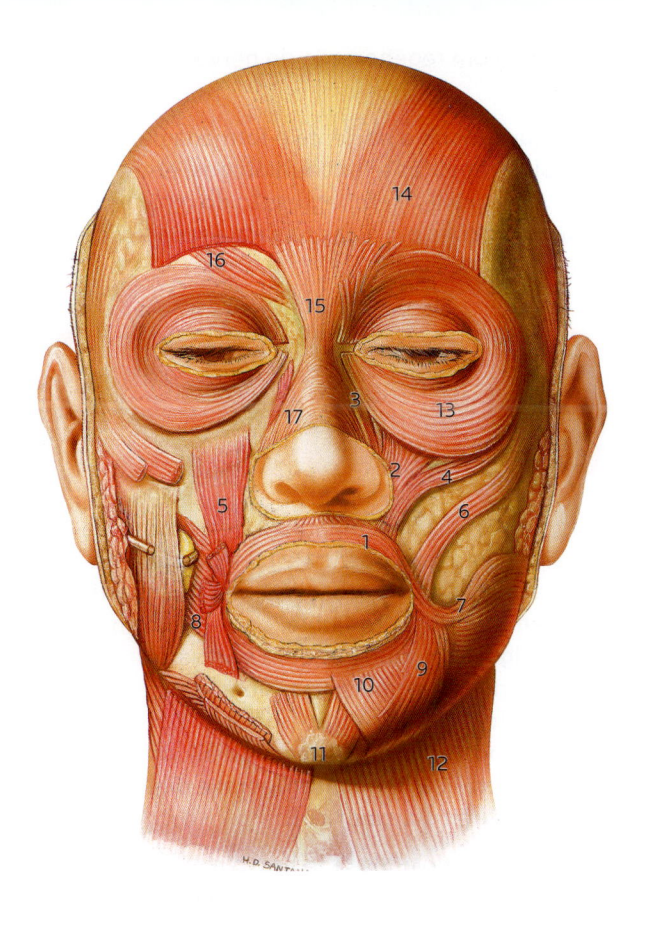

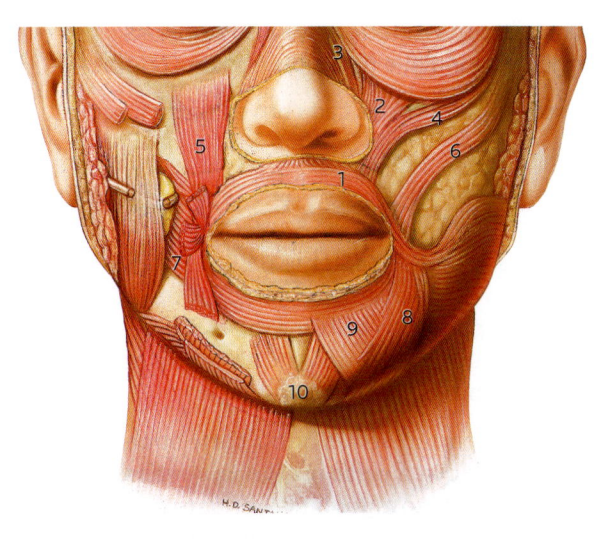

1. Músculo orbicular da boca
2. Músculo levantador do lábio superior
3. Músculo levantador do lábio superior e da asa do nariz
4. Músculo zigomático menor
5. Músculo levantador do ângulo da boca
6. Músculo zigomático maior
7. Músculo risório
8. Músculo bucinador
9. Músculo abaixador do ângulo da boca
10. Músculo abaixador do lábio inferior
11. Músculo mentoniano
12. Músculo platisma
13. Músculo orbicular do olho
14. Músculo occipitofrontal
15. Músculo prócero
16. Músculo corrugador do supercílio
17. Músculo nasal

Figura 4.7 – Músculos da expressão facial.
Fonte: Velayos e Santana.[3]

1. Músculo orbicular da boca
2. Músculo levantador do lábio superior e da asa do nariz
3. Músculo levantador do lábio superior
4. Músculo zigomático menor
5. Músculo levantador do ângulo da boca
6. Músculo zigomático maior
7. Músculo bucinador
8. Músculo abaixador do ângulo da boca
9. Músculo abaixador do lábio inferior
10. Músculo metoniano

Figura 4.8 – Músculos peribucais.
Fonte: Velayos e Santana.[3]

A principal causa da paralisia facial está associada com o vírus do herpes, que aproveita uma queda do sistema imunológico, estresse ou o resfriamento da face (exposição ao frio) para se instalar e atacar o nervo facial. Deixa-o edemaciado e consequentemente comprimido dentro do canal facial, impedindo a circulação sanguínea.

Outras causas de paralisia facial são de origem traumática (cerca de 30% dos casos) e incluem acidentes vasculares cerebrais, infecções da orelha média e tumores. Felizmente, a recuperação, sob tratamento, ocorre em um ou dois meses, com regeneração do nervo de cerca de 1 mm por dia.

A equipe multidisciplinar que atende o paciente é formada por otorrinolaringologistas, fisioterapeutas e fonoaudiólogos, entre outros profissionais. Em casos graves, sem regressão do mal, o tratamento pode incluir operações plásticas na face e reparação cirúrgica do nervo facial.

MÚSCULOS DA MASTIGAÇÃO (FIGS. 11.15 A 11.17)

São também conhecidos como músculos mandibulares, porque se inserem na mandíbula para manter sua postura e para movimentá-la em todos os sentidos nos atos de falar, receber o alimento e mastigar. Trabalham sincronizados, em uma ação conjunta, contando com a participação do **músculo digástrico**, que também se insere na mandíbula, mas que pertence ao grupo supra-hióideo. Individualmente, cada músculo tem sua função principal de elevação da mandíbula (**masseter**, **temporal** e **pterigóideo medial**), protrusão e lateralidade (**pterigóideo lateral**), retrusão (**temporal** e **digástrico**) e abaixamento (**pterigóideo lateral** e **digástrico**).

Os músculos da mastigação são inervados pelo nervo mandibular, ramo do nervo trigêmeo. Cada músculo tem seu nervo próprio, derivado do mandibular, cuja denominação corresponde à do próprio músculo que ele inerva: nervo massetérico, nervos temporais profundos, nervo pterigóideo medial e nervo pterigóideo lateral.

A seguir, é feita a descrição anatômica de cada um desses músculos.

MÚSCULO MASSETER

É bastante superficial, espesso e perfeitamente palpável na parte lateral da face, abaixo do arco zigomático. Elementos superficiais (ramos do nervo facial, ducto parotídeo e artéria facial transversa) cruzam transversalmente o músculo, em contato com a delgada **fáscia massetérica** que o recobre.

O músculo divide-se em duas partes, sendo que a **parte superficial** é muito mais longa e volumosa que a **parte profunda**. Ambas se originam na margem inferior do osso zigomático, origem esta que se estende por quase todo o arco zigomático. A parte profunda é vertical, muito curta e se insere logo abaixo da incisura da mandíbula. A parte superficial é inclinada, cobre quase toda a parte profunda e se insere extensamente nos dois terços inferiores da face lateral do ramo da mandíbula. A individualização destas partes somente é possível na porção posterior, onde são separadas por um interstício preenchido por tecido conjuntivo frouxo.

O masseter é um músculo de força, com suas fibras musculares curtas, que se dispõem de modo trançado, e grande quantidade de fibras tendíneas. Por isso mesmo, é o músculo que movimenta a mandíbula com maior potência para cima e ligeiramente para a frente, graças à obliquidade da poderosa parte superficial. A parte profunda ajuda nesse movimento de ascensão e age principalmente na manutenção da oclusão forçada por longos períodos.

MÚSCULO TEMPORAL

Ao contrário do masseter, a **fáscia temporal** que o recobre é bastante densa e tem inserções ósseas bem definidas. É revestida pela aponeurose epicrânica, em cuja superfície correm vasos e nervos.

As fibras do músculo temporal têm origem óssea no assoalho da fossa temporal e origem fibrosa na superfície medial da fáscia. A forma geral do músculo é a de um leque aberto – as fibras convergem para o local de inserção na mandíbula, ao mesmo tempo que vão se modificando em fibras tendíneas. O grande tendão assim formado fixa-se fortemente no processo coronoide.

Por se tratar de um músculo largo, fica fácil fazer a identificação aproximada de suas porções anterior, média e posterior. O músculo temporal eleva a mandíbula pelo seu conjunto de fibras, mas essa função é realizada com mais vigor pelas fibras da porção anterior, que é vertical e mais espessa. A porção posterior, praticamente horizontal e mais delgada, retrai ou desloca a mandíbula para trás.

Mesmo sendo grande e relativamente potente, o temporal é um músculo de movimento mais que de força. Suas fibras são paralelas e não trançadas como no masseter, além de serem mais longas e menos tendíneas. Na ascensão da mandíbula sem oposição, como durante a fala, as fibras do temporal é que são preferencialmente requisitadas para a função. Mesmo assim, são engajadas juntamente com as do masseter e do pterigóideo medial quando mais força é empregada, como na mastigação.

MÚSCULO PTERIGÓIDEO MEDIAL

É um sinergista (coadjuvante) do masseter pelo fato de também se inserir no ramo da mandíbula, de ter suas fibras inclinadas da frente para trás e de promover a elevação da mandíbula. Ademais, também se assemelha por ser um músculo de força, ainda que menor, e bastante tendíneo. Não possui uma fáscia apreciável.

Sua origem é na fossa pterigóidea do osso esfenoide, e sua inserção se faz na face medial do ramo da mandíbula, em uma área alargada do ângulo da mandíbula, abaixo do forame da mandíbula e do sulco milo-hióideo. Os feixes de fibras mais potentes provocam o aparecimento de elevações ósseas, tornando rugosa a área de inserção.

MÚSCULO PTERIGÓIDEO LATERAL

Diferentemente dos anteriores, este é um músculo de disposição horizontal. Por isso mesmo, realiza movimentos mandibulares que os outros três não realizam. Tem origem nas paredes lateral e superior da fossa infratemporal, por meio de duas cabeças musculares: a inferior, maior, e a superior, menor, que também se liga ao disco da articulação temporomandibular, depois de atravessar a cápsula articular.

As duas cabeças convergem e se fundem em um corpo único assim que chegam à sua área de inserção na fóvea pterigóidea do colo da mandíbula. Agindo conjuntamente, os dois pterigóideos laterais protraem ou deslocam as cabeças da mandíbula para a frente. Com a ação concomitante dos músculos digástricos, a mandíbula roda, e a boca se abre. A ação isolada de um dos pterigóideos laterais provoca o movimento lateral da mandíbula.

1. Músculo temporal
2. Músculo masseter

1. Músculo pterigoide medial
2. Músculo pterigoide lateral
    (A) cabeça superior
    e (B) inferior

Figura 4.9 – Músculos da mastigação.

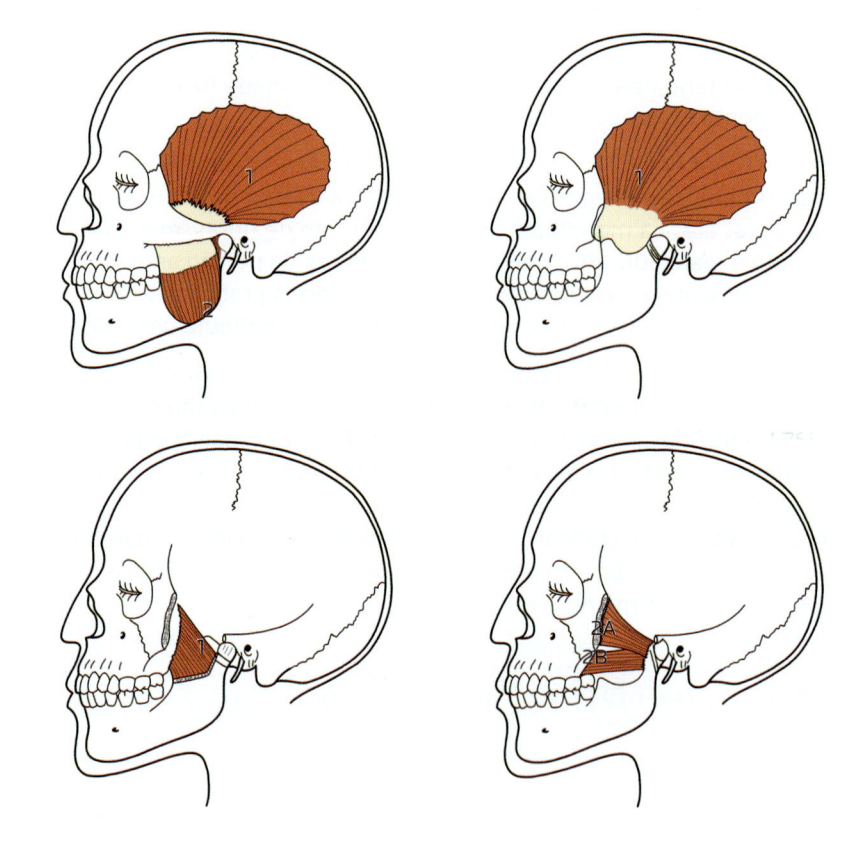

CORPO ADIPOSO DA BOCHECHA

É um coxim de tecido adiposo, encapsulado por uma delgada membrana conjuntiva, que se insinua entre os músculos da mastigação. Ocupa um espaço bastante superficial entre os músculos bucinador e masseter e depois se aprofunda para separar os músculos pterigóideos e a inserção do temporal.

No feto e na criança de tenra idade, é muito desenvolvido. Ele é diferente do tecido adiposo de outras regiões porque nunca é consumido, mesmo em casos de emagrecimento exagerado. Sua função é puramente mecânica, servindo de coxim para facilitar a movimentação de um músculo em relação ao outro em um meio escorregadio e frouxo.

MÚSCULOS SUPRA-HIÓIDEOS (FIG. 4.10)

O próprio nome indica que este grupo muscular situa-se acima do osso hioide e, por conseguinte, abaixo do crânio. Um dos músculos, o digástrico, já foi citado quando se mencionou a retrusão da mandíbula e a abertura da boca. Os demais são o milo-hióideo, o gênio-hióideo e o estilo-hióideo.

Sua motricidade depende de três nervos: trigêmeo (nervo milo-hióideo para os músculos milo-hióideos e ventre anterior do digástrico), facial (ramos para o estilo-hióideo e ventre posterior do digástrico) e hipoglosso (ramo proveniente do primeiro nervo cervical para o gênio-hióideo).

Músculo digástrico

Seus dois ventres são unidos por um tendão. O **ventre posterior** tem o dobro do comprimento do anterior e sua origem é na incisura mastóidea do osso temporal, de onde se dirige para baixo e para frente em direção ao osso hioide. Ao se aproximar do hioide, transforma-se (une-se) em um **tendão** cilíndrico, o qual atravessa uma alça fibrosa presa ao hioide e se continua, mais à frente, com o **ventre anterior**. Este, por sua vez, tem sua fixação óssea (inserção) na fossa digástrica da mandíbula, próxima ao plano mediano.

O tendão intermédio, como é chamado (porque fica entre os dois ventres musculares), desliza na alça que o prende ao hioide quando o músculo é contraído. A alça digástrica serve apenas para manter esse longo músculo em posição, sem que haja inserção óssea direta. Ao se contrair, o digástrico traciona a mandíbula para trás, contribuindo assim para o seu abaixamento em sinergismo com o pterigóideo lateral.

Músculo milo-hióideo

É duplo: os dois milo-hióideos são unidos no plano mediano por uma rafe fibrosa para formar uma delgada, porém larga lâmina que constitui o soalho muscular da boca, separando-a do pescoço. O nome do músculo já diz que ele origina-se na linha milo-hióidea e se insere (somente as fibras posteriores) no osso hioide. A principal função do milo-hióideo é elevar o soalho da boca e com ele a língua; também adianta o hioide.

Músculo gênio-hióideo

Fica no soalho da boca sobre o milo-hióideo. Também vai da mandíbula (espinha mentual inferior) ao corpo do hioide. É alongado, anteroposterior, horizontal e fica em contato com o homônimo do outro lado. Sua principal função é levar o hioide para diante, o que faz encurtar o soalho da boca.

Músculo estilo-hióideo

Pelo seu nome, deduz-se que sua origem é no processo estiloide e sua inserção, no hioide. Deste grupo muscular, é o único que não tem origem na mandíbula. O estilo-hióideo puxa o hioide para trás e para cima.

SAIBA MAIS

O segundo vocábulo que compõe o nome dos músculos supra-hióideos é indicativo de sua inserção: no osso hioide. O primeiro corresponde à origem.
O músculo digástrico não se insere diretamente no hioide e sua denominação foi dada por apresentar dois ventres cárneos (L. *gaster* = ventre).

1. Músculo milo-hioide
2. Músculo digástico (ventre anterior)
3. Músculo digástico (ventre posterior)
4. Músculo estilo-hioide

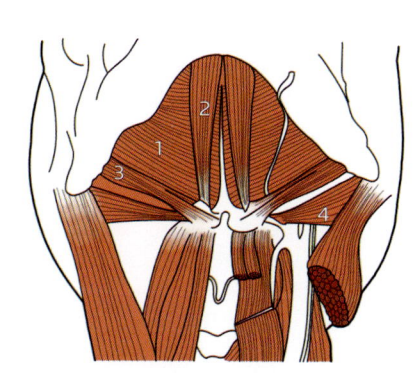

Figura 4.10 – Músculos supra-hióideos. Vista inferior da mandíbula (assoalho da boca).

MÚSCULOS DA LÍNGUA (FIG. 4.11)

A língua é um corpo basicamente muscular que se movimenta para todos os lados da boca durante a fala, a mastigação, a deglutição e durante a exploração e limpeza de dentes, vestíbulo, bochecha, palato e soalho da boca. Para se deslocar tanto assim, é necessário que a língua seja formada por vários músculos dispostos em todas as direções.

Um septo fibroso delgado preso atrás do osso hioide invade a língua e divide-a ao meio – cada metade tem os mesmos músculos que a outra. Os maiores e de movimentos mais extensos são os **músculos extrínsecos**, cujas origens situam-se em ossos próximos. São eles o **genioglosso**, o **hioglosso**, o **estiloglosso** e o **palatoglosso**, que se originam, respectivamente, na espinha mentual superior, no osso hioide, no processo estiloide e na aponeurose palatina.

Ao penetrarem e se distribuírem na língua, os músculos extrínsecos a retraem (estiloglosso e hioglosso), protraem (genioglosso), abaixam (genioglosso e hioglosso) e levantam (estiloglosso e palatoglosso). O músculo palatoglosso forma o arco palatoglosso, que ajuda a estreitar o istmo da garganta.

Os **músculos intrínsecos** não têm inserção óssea – são contidos dentro da língua, isto é, enclausurados dentro dos limites da mucosa lingual. Por isso mesmo, produzem movimentos combinados, pequenos, de deformação da própria língua, como alargamento, estreitamento, espessamento, alongamento e encurtamento. Os músculos intrínsecos que assim agem são os **longitudinais superior e inferior, transverso** e **vertical**.

SAIBA MAIS

A maior diversidade e a maior extensão de movimentação da língua provêm do músculo genioglosso, que é o maior de todos e cujas fibras se espalham por quase toda a língua.

LEMBRETE

Todos os músculos da língua são inervados pelo nervo hipoglosso, com exceção do palatoglosso, que é inervado pelo nervo vago.

1. Músculo genioglosso
2. Músculo hioglosso
3. Músculo estiloglosso
4. Músculo estilo-hioide*
   (não é músculo da língua)

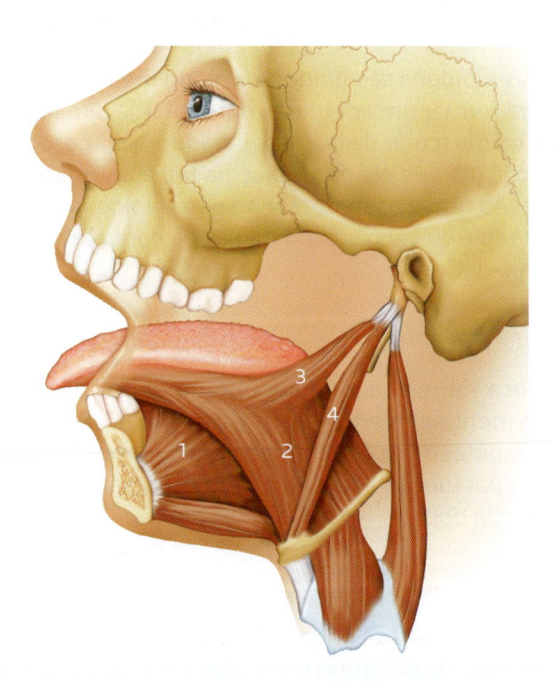

Figura 4.11 – Músculos extrínsecos da língua.

Fonte: Marieb e Hoehn.[2]

MÚSCULOS DO PALATO (FIGS. 4.12 E 4.13)

O palato mole é de constituição musculofibromucosa porque, além dos músculos e da mucosa externa, possui também um tendão alargado em forma de lâmina (aponeurose) preso à borda livre do palato ósseo. É a **aponeurose palatina**, à qual todos os músculos palatinos estão ligados.

Um pouco atrás do músculo palatoglosso, posiciona-se o **músculo palatofaríngeo**, que também entra na formação do istmo da garganta ao constituir o arco palatofaríngeo, cuja função é estreitar o istmo da garganta e elevar a faringe. Enquanto o primeiro termina na língua, o outro músculo vai até a faringe. No espaço entre eles, situa-se a tonsila palatina.

O **músculo tensor do véu palatino** tem origem na fossa escafoide do osso esfenoide e desce verticalmente em direção ao palato, o qual alcança depois de contornar o hâmulo pterigóideo e tomar direção horizontal. Nesse local, confunde-se com a aponeurose palatina, da qual ele é o principal formador. Quando os tensores de ambos os lados se contraem, o palato mole é distendido lateralmente e se enrijece.

O **músculo levantador do véu palatino** estende-se da parte petrosa do temporal, na base do crânio, à aponeurose palatina. Em ação, eleva o palato mole e o coloca em contato com a parede posterior da faringe, separando, assim, a parte nasal da parte bucal da faringe, como na deglutição e na sucção, para evitar a entrada de alimento, líquidos e ar na cavidade do nariz.

O pequeno **músculo da úvula** vai da espinha nasal posterior à mucosa da úvula para movimentá-la. Os músculos do palato são inervados pelo nervo vago, via plexo faríngeo, exceto o tensor do véu palatino, que recebe inervação do nervo mandibular, ramo do nervo trigêmeo.

1. Músculo tensor de véu palatino
2. Músculo levantador do véu
3. Músculo da úvula

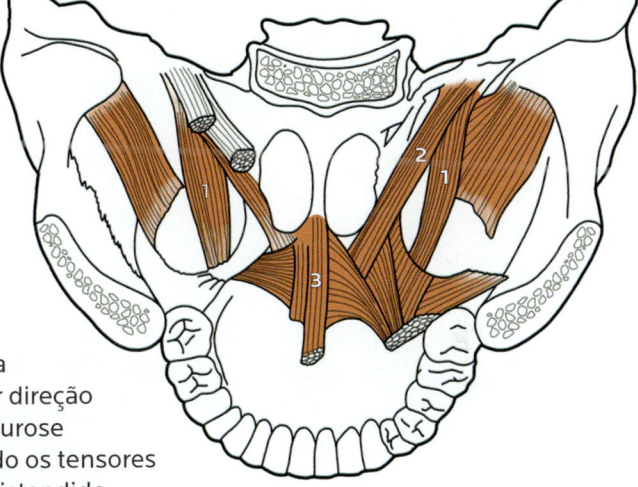

Figura 4.12 – Músculos do palato. Vista póstero-superior do palato ósseo.

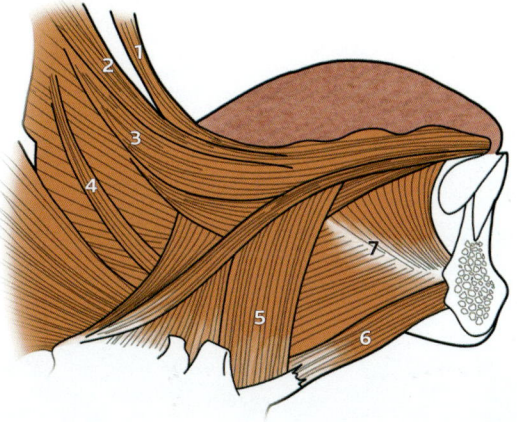

1. Músculo palatoglosso
2. Músculo palatofaríngeo
3. Músculo estiloglosso
4. Músculo estilo-hioide
5. Músculo hioglosso
6. Músculo genio-hioide
7. Músculo genioglosso

Figura 4.13 – Músculos palatoglosso e palatofaríngeo.

5

Sistema Nervoso

PAULO HENRIQUE FERREIRA CARIA

O sistema nervoso (SN) é o mais complexo dos sistemas do corpo humano e tem como função captar, interpretar e responder os estímulos internos e externos que o corpo recebe. Por meio de suas células e estruturas, coordena todos os outros sistemas do corpo, visando manter a homeostase.

Didaticamente, o SN pode ser dividido em sistema nervoso central (SNC) e sistema nervoso periférico (SNP). O SNC é formado pelo encéfalo e pela medula espinal, dispostos em um eixo central (neuroeixo). O SNP é formado por nervos, gânglios e terminações nervosas. A Figura 5.1 é um diagrama que representa, de forma diática, a divisão do sistema nervoso. Já a Figura 5.2 apresenta as estruturas e funções do SNC e do SNP.

OBJETIVOS DE APRENDIZAGEM

- Conceituar o sistema nervoso, seus elementos constituintes, composição e divisões
- Descrever as partes do sistema nervoso central
- Definir os envoltórios do sistema nervoso central e seus espaços.
- Conceituar arco reflexo
- Definir os elementos constituintes do sistema nervoso periférico
- Conceituar sistema nervoso autônomo organização e funções
- Nomear e definir nervos cranianos sob o ponto de vista funcional
- Descrever o nervo trigêmeo, seus ramos e conexões
- Descrever os nervos facial, glossofaríngeo e hipoglosso

Homeostase

Palavra de origem grega: *homeo* significa similar ou igual e *stasis*, estático; é a propriedade do sistema de manter o meio interno estável, por meio de múltiplos ajustes de equilíbrio dinâmico controlados por mecanismos de regulação interrelacionados.

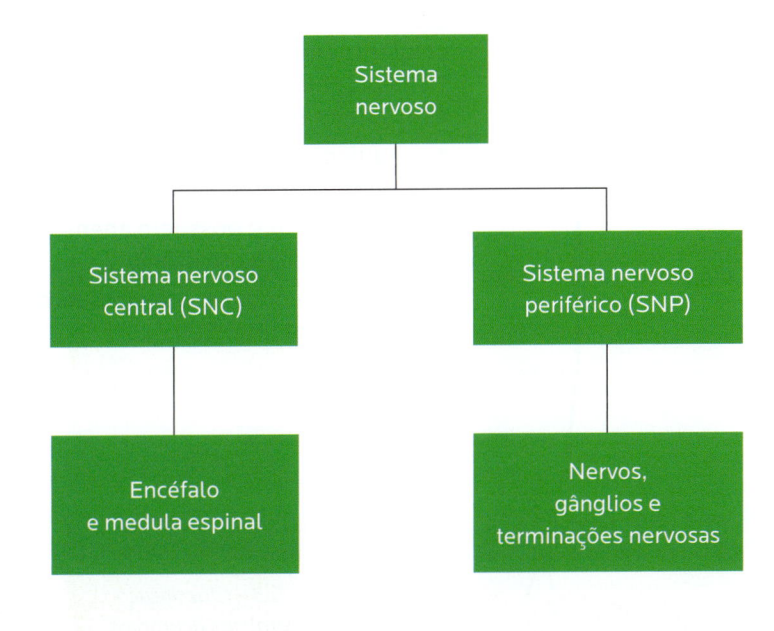

Figura 5.1 - Divisão do SN.

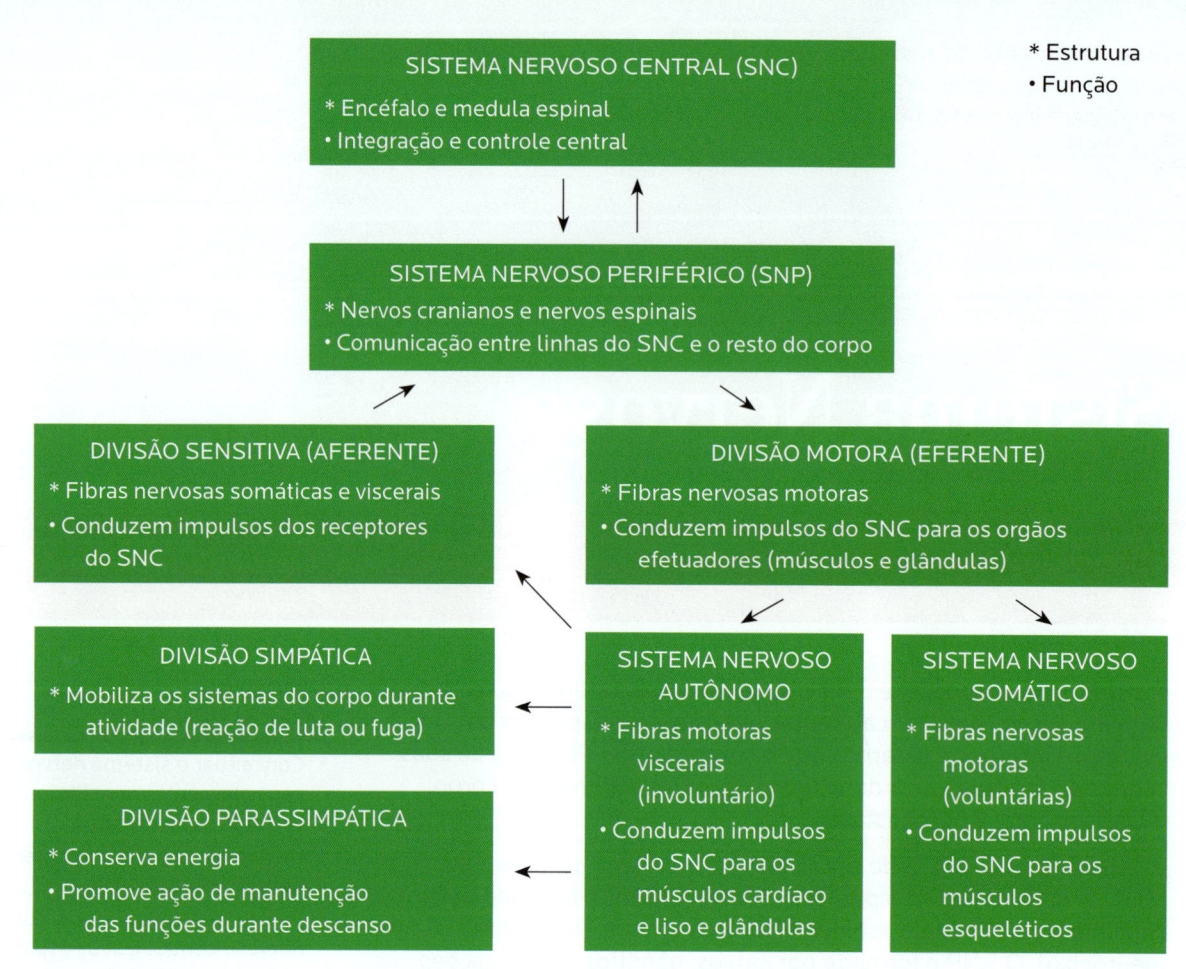

```
                    SISTEMA NERVOSO CENTRAL (SNC)              * Estrutura
                    * Encéfalo e medula espinal                • Função
                    • Integração e controle central
                              ↓   ↑
                    SISTEMA NERVOSO PERIFÉRICO (SNP)
                    * Nervos cranianos e nervos espinais
                    • Comunicação entre linhas do SNC e o resto do corpo
                         ↙                    ↘
    DIVISÃO SENSITIVA (AFERENTE)        DIVISÃO MOTORA (EFERENTE)
    * Fibras nervosas somáticas e viscerais   * Fibras nervosas motoras
    • Conduzem impulsos dos receptores        • Conduzem impulsos do SNC para os orgãos
      do SNC                                    efetuadores (músculos e glândulas)
                                              ↙                    ↘
    DIVISÃO SIMPÁTICA              SISTEMA NERVOSO          SISTEMA NERVOSO
    * Mobiliza os sistemas do corpo durante   AUTÔNOMO             SOMÁTICO
    atividade (reação de luta ou fuga) ←  * Fibras motoras      * Fibras nervosas
                                            viscerais             motoras
                                            (involuntário)        (voluntárias)
    DIVISÃO PARASSIMPÁTICA              • Conduzem impulsos   • Conduzem impulsos
    * Conserva energia           ←        do SNC para os        do SNC para os
    • Promove ação de manutenção          músculos cardíaco     músculos
      das funções durante descanso        e liso e glândulas    esqueléticos
```

Figura 5.2 – Estrutura e funções do SNC e do SNP.

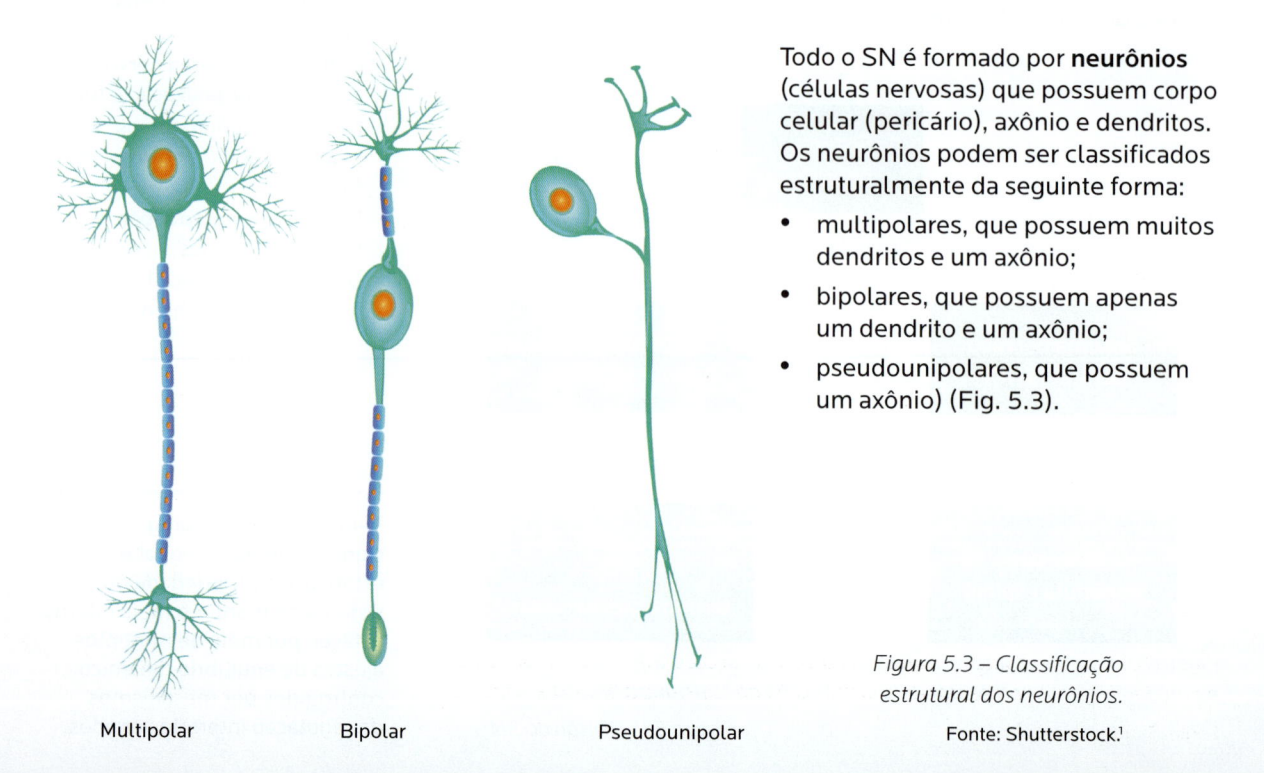

Todo o SN é formado por **neurônios** (células nervosas) que possuem corpo celular (pericário), axônio e dendritos. Os neurônios podem ser classificados estruturalmente da seguinte forma:

- multipolares, que possuem muitos dendritos e um axônio;
- bipolares, que possuem apenas um dendrito e um axônio;
- pseudounipolares, que possuem um axônio) (Fig. 5.3).

Multipolar   Bipolar   Pseudounipolar

Figura 5.3 – Classificação estrutural dos neurônios.

Fonte: Shutterstock.[1]

Anatomia geral e odontológica

Funcionalmente, os neurônios são classificados em aferentes, eferentes e de associação. Os **aferentes** (receptores ou sensitivos) conduzem impulsos nervosos desde os receptores até o SNC. Já os **eferentes** (motores/efetuadores) conduzem impulsos nervosos desde o SNC até os músculos e glândulas. Os neurônios de **associação,** ou interneurônios, transmitem impulsos nervosos entre neurônios.

Os neurônios eferentes (motores) ainda podem ser divididos em somáticos, que enviam impulsos desde o SNC para músculos esqueléticos (voluntário), e viscerais (autônomos ou involuntários) que enviam impulsos desde o SNC para os músculos cardíaco e liso e para o tecido glandular. Assim, o SN autônomo é a porção eferente visceral do SNP e é dividido em **simpático** e **parassimpático**. Na maior parte do corpo humano, as vísceras recebem fibras nervosas das duas divisões e geralmente têm ação antagônica: enquanto uma estimula a atividade de um órgão, a outra a inibe, mas nem sempre é assim.

A disposição do corpo celular, do axônio e dos dendritos dos neurônios é que determina a substância branca e a substância cinzenta. A **substância branca** é formada pela união de axônios mielinizados (envoltos por bainha lipídica denominada mielina), que proporciona aspecto esbranquiçado. A **substância cinzenta** contém os corpos dos neurônios, dendritos e axônios sem bainha de mielina, por isso a cor acinzentada. Tanto a substância branca quanto a cinzenta são encontradas no SNC e no SNP.

Quando os corpos neuronais e os dendritos estão agrupados no SNC, são denominados núcleos da base (quando profundos) e córtex cerebral (na periferia); quando estão agrupados no SNP, a denominação é gânglio. As fibras mielinizadas localizadas no SNC recebem o nome de trato ou fascículo; as localizadas no SNP são denominadas nervo. Tanto o trato quanto os nervos podem apresentar diferentes extensões e comprimentos. Na medula espinal, o arranjo é diferente: a substância branca é periférica ou cortical, enquanto a cinzenta é medular, na qual são encontrados os cornos e as colunas (Fig. 5.4).

Nervos

Cordões esbranquiçados formados por feixes de fibras nervosas (axônios dos neurônios) que servem para conduzir estímulos nervosos.

Terminações nervosas

Extremidades periféricas dos nervos, que podem ser sensitivas (dor, tato, pressão, temperatura, etc.) ou motoras (placa motora, base dos folículos pilosos).

1. Corno anterior
2. Corno posterior
3. Barra transversal
4. Canal central da medula

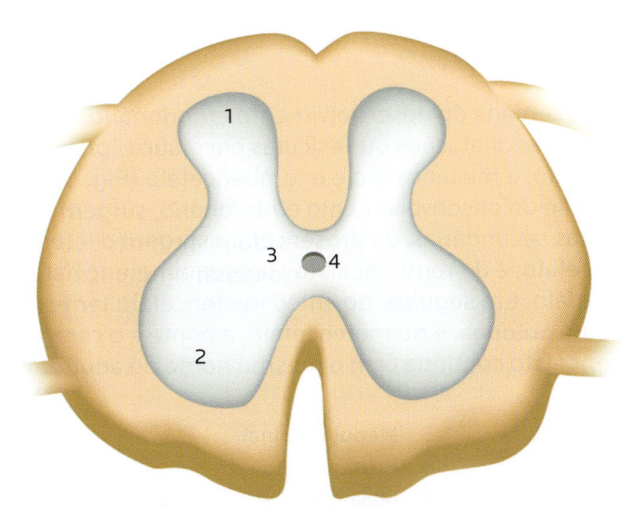

Figura 5.4 – Representação esquemática de uma secção transversal (horizontal) da medula espinal apresentando a distribuição da substância branca e cinzenta.

Fonte: Shutterstock.[2]

O SISTEMA NERVOSO CENTRAL

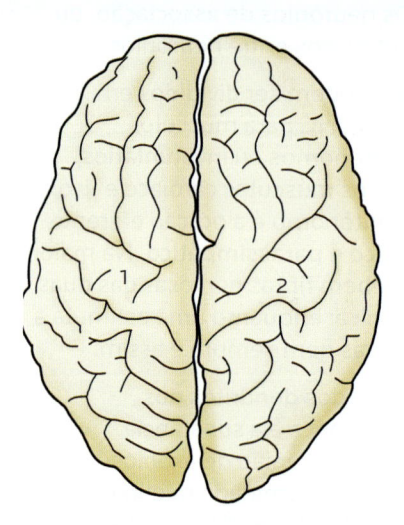

O SNC é formado pelo encéfalo e pela medula espinal. O encéfalo, por sua vez, é formado pelo cérebro (hemisférios cerebrais, diencéfalo e tronco encefálico) e pelo cerebelo (Figs. 5.5 e 5.6).

1. Hemisfério cerebral esquerdo
2. Hemisfério cerebral direito

Figura 5.5 – Vista superior do encéfalo com os hemisférios cerebrais.

Figura 5.6 – Figura esquemática da vista medial do hemincéfalo humano.

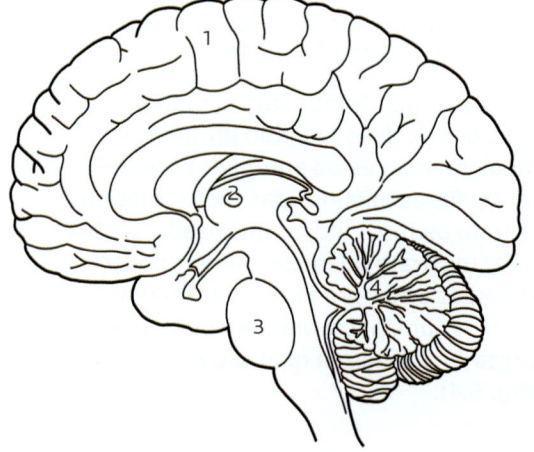

1. Hemisfério cerebral
2. Diencéfalo
3. Tronco encefálico
4. Cerebelo

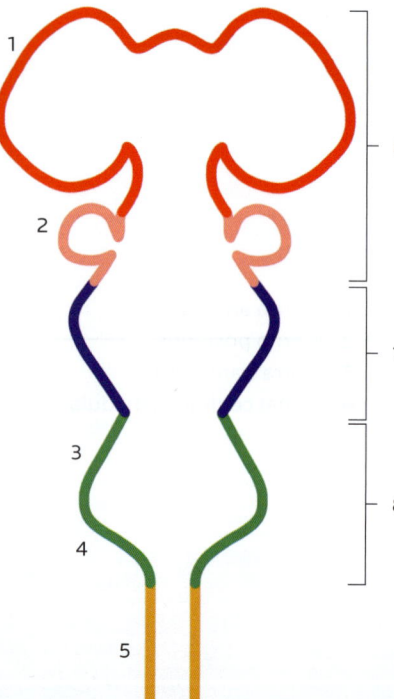

Na quarta semana do desenvolvimento embrionário, é possível identificar três dilatações ou vesículas encefálicas primárias: o prosencéfalo, o mesencéfalo e o rombencéfalo (Fig. 5.7). Com a continuação do desenvolvimento embrionário, surgem as vesículas encefálicas secundárias, do prosencéfalo surgem o telencéfalo e o diencéfalo; e do rombencéfalo surgem o metencéfalo e o mielencéfalo. Em seguida, do então mielencéfalo tem-se o bulbo ou medula oblonga, e do metencéfalo, a ponte e o cerebelo. O mesencéfalo continua com o mesmo nome no adulto.

1. Telencéfalo
2. Diencéfalo
3. Metencéfalo
4. Mielencéfalo
5. Medula espinal
6. Prosencéfalo
7. Mesencéfalo
8. Rombencéfalo

Figura 5.7 – Desenho esquemático das vesículas encefálicas primárias.

TELENCÉFALO

O telencéfalo é formado pelos **hemisférios cerebrais**, que é a maior parte do encéfalo. O **córtex cerebral** (superfície) é formado por substância cinzenta que recobre a substância branca que é profunda (medular). A superfície do cérebro possui dobras, os giros ou circunvoluções, para aumentar sua área. Os giros são delimitados por sulcos (depressões rasas) e por fissuras (depressões profundas).

A maior e mais profunda fissura é a fissura longitudinal, que separa os hemisférios cerebrais em direito e esquerdo. Cada hemisfério cerebral, com seus giros e fissuras, sendo dividido didaticamente em lobos, que são denominados de acordo com o osso do crânio com o qual se aproximam. Desse modo, há cinco lobos em cada hemisfério: frontal, parietal, temporal e occipital e o quinto lobo, o insular, que é profundo e está abaixo do sulco lateral. Os dois hemisférios cerebrais são ligados entre si pelo **corpo caloso**, formado por três tipos de fibras nervosas mielinizadas:

- fibras comissurais, que transmitem impulsos nervosos entre os hemisférios cerebrais;
- fibras de associação, que transmitem impulsos entre os giros de um mesmo hemisfério cerebral; e
- fibras de projeção, que transmitem impulsos desde o cérebro até outras partes do encéfalo e/ou medula espinal.

O córtex cerebral possui seis diferentes camadas celulares que variam de 2 a 4 mm de espessura, e em cada uma há predomínio de diferentes tipos de neurônios. Assim, foram identificadas diferentes funções para cada área do cérebro. Áreas corticais primárias são formadas por neurônios com exclusiva função sensorial (visual, ou auditiva, ou olfativa, etc.). Áreas corticais secundárias são formadas por neurônios que podem responder a mais de um tipo de estímulo. Por exemplo, os neurônios do córtex do lobo occipital estão relacionados com a **área visual primária**; já os do lobo frontal estão relacionados com a memória e raciocínio lógico; os giros localizados entre o lobo temporal e o lobo insular estão relacionados com informação auditiva primária; o giro pós-central está relacionado com a função sensitiva; e do lobo pré-central, com a função motora.

De acordo com o conceito de **somatotopia**, é possível verificar a representação da figura humana sobre o córtex pós-central (homúnculo de Penfield), cuja imagem é alterada em função da importância funcional de cada área. Há áreas com maior representação devido ao número de receptores corticais e não ao tamanho da região do corpo, como por exemplo, a boca, língua, mãos e pés (Fig. 5.8).

Somatotopia

Correspondência entre determinadas áreas do córtex cerebral e certas partes do corpo.

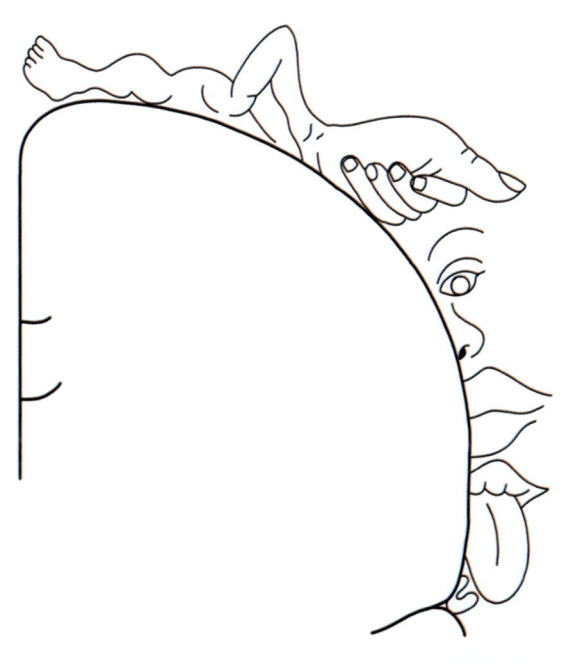

Figura 5.8 – Representação esquemática aproximada do "homúnculo" de Penfield, desenhado sobre o giro pós-central (área somatossensorial primária). Observe que a representação das estruturas do corpo obedece à sua importância funcional, e não ao seu tamanho.

Além do córtex, também há substância cinzenta no interior de cada hemisfério cerebral, formando os **núcleos da base**. O maior deles é o corpo estriado, que é formado pelo núcleo caudado e pelo núcleo lentiforme. O núcleo lentiforme, por sua vez, é formado pelo putame e pelo globo pálido. A cápsula externa separa o putame do claustro lateralmente. Entre as funções dos núcleos da base, destacam-se a do núcleo caudado e do putame, que controlam os movimentos dos braços ao andar, e a do globo pálido, que controla o tono muscular.

Além da proteção do crânio e da coluna vertebral, o SNC (cérebro e medula espinal) conta com uma proteção adicional que o envolve totalmente: as meninges e o líquido cerebrospinal. As **meninges** são membranas de tecido conectivo dispostas abaixo do tecido ósseo. A meninge mais externa é a **dura-máter**, constituída por tecido conectivo fibroso e resistente. Entre a dura-máter e a parede óssea do crânio e do canal vertebral, existe um espaço, o espaço extradural ou peridural, preenchido por vasos sanguíneos e tecido adiposo. Abaixo da dura-máter está a segunda meninge, a **aracnoide-máter**, que também é formada por tecido conectivo, porém mais fino e delicado que na meninge anterior.

Líquido cerebrospinal

Líquido transparente e incolor, também conhecido como líquor, é formado pelos plexos corióideos (células nervosas + vasos sanguíneos). Seus 125 mL têm como principal função proteger o SNC amortecendo impactos.

Entre a aracnoide-máter e a dura-máter, há um espaço virtual denominado subdural. Por fim, abaixo está a meninge mais interna e delicada: a **pia-máter,** que fica diretamente aderida à superfície do tecido nervoso e contém muitos vasos sanguíneos. Entre a aracnoide-máter e a pia-máter, há o espaço subaracnóideo, no qual circula o **líquido cerebrospinal.**

Os plexos corióideos são encontrados no interior das cavidades encefálicas, chamadas ventrículos (Fig. 5.9). Há ventrículos no interior dos hemisférios cerebrais denominados ventrículos laterais, entre os tálamos, o terceiro ventrículo e entre a ponte e o cerebelo, o quarto ventrículo. O aqueduto do mesencéfalo comunica o terceiro com o quarto ventrículo. O quarto ventrículo tem comunicação com o espaço subaracnóideo e com o canal central da medula. Desse modo, o líquido cerebrospinal circula dos ventrículos encefálicos para o espaço subaracnóideo até ser devolvido à corrente sanguínea nas granulações aracnóideas (Fig. 5.10).

1. Aqueduto mesencefálico
2. Quarto ventrículo
3. Terceiro ventrículo
4. Ventrículos laterais

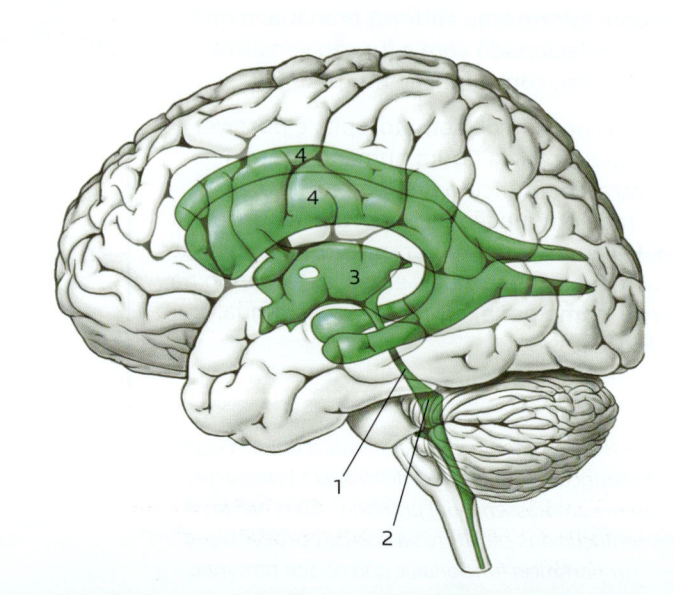

Figura 5.9 - Representação esquemática dos ventrículos encefálicos.

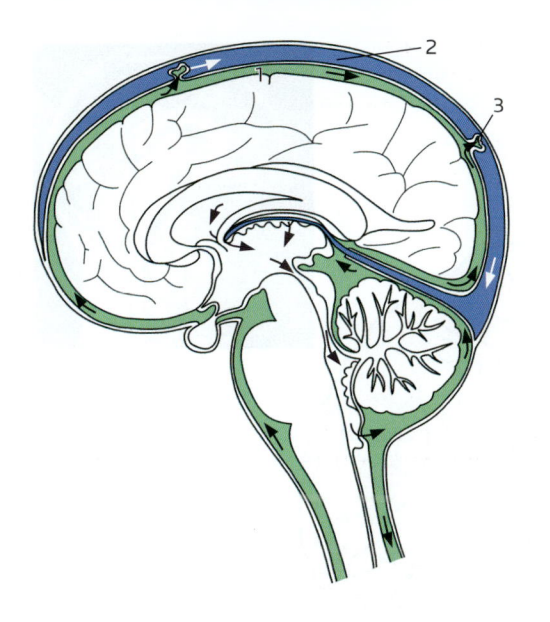

1. Espaço subaracnóideo
2. Seio sagital superior
3. Granulações aracnóideas

Figura 5.10 – Esquema representando a drenagem do líquido cerebrospinal desde o espaço subaracnóideo para o seio sagital superior por meio das granulações aracnóideas.

DIENCÉFALO

O diencéfalo é a parte do cérebro localizada anteroinferiormente ao corpo caloso e acima do mesencéfalo. É formado pelo tálamo, hipotálamo e epitálamo, descritos a seguir.

TÁLAMO

É formado por duas massas de substância cinzenta de formato ovoide, unidas pela aderência intertalâmica, dispostas de cada lado na porção laterodorsal do diencéfalo e acima do mesencéfalo (Fig. 5.11). O tálamo é formado por vários núcleos que reorganizam todos os estímulos sensoriais (exceto o olfatório) e os enviam para as devidas áreas corticais para serem interpretados. Além disso, esses núcleos coordenam algumas sensações como dor, tato ou alteração de temperatura, além da motricidade, pois transportam informações do globo pálido e do cerebelo para o lobo frontal (comportamento emocional), integrando o **sistema límbico**.

Sistema límbico

Conjunto de estruturas do cérebro em formato de anel, responsável primordialmente por controlar as emoções. Também participa das funções de aprendizado e memória, podendo ainda participar do sistema endócrino.

HIPOTÁLAMO

Também constituído por substância cinzenta, está localizado anteroinferiormente ao tálamo e corresponde a menos de 1% do volume do cérebro. É o principal centro integrador das atividades dos órgãos viscerais, pois controla a frequência cardíaca e a temperatura corporal e regula a fome, a sede, o sono, a vigília e a libido, sendo um dos principais responsáveis pela homeostase corporal.

As partes laterais do hipotálamo parecem envolvidas com o prazer e a raiva, enquanto sua porção mediana parece mais ligada à aversão, ao desprazer e à tendência ao riso (gargalhada) incontrolável. Próximo ao hipotálamo, também é possível identificar algumas estruturas anatômicas do cérebro, como quiasma óptico, túber cinéreo, infundíbulo e corpos mamilares.

SAIBA MAIS

O hipotálamo faz a ligação entre o sistema nervoso e o sistema endócrino, atuando na ativação de diversas glândulas endócrinas. Também integra o sistema límbico.

1. Hipotálamo
2. Tálamo
3. Epitálamo
4. Mesencéfalo
5. Ponte
6. Bulbo
7. Cerebelo
8. Hipófise
9. Corpo caloso

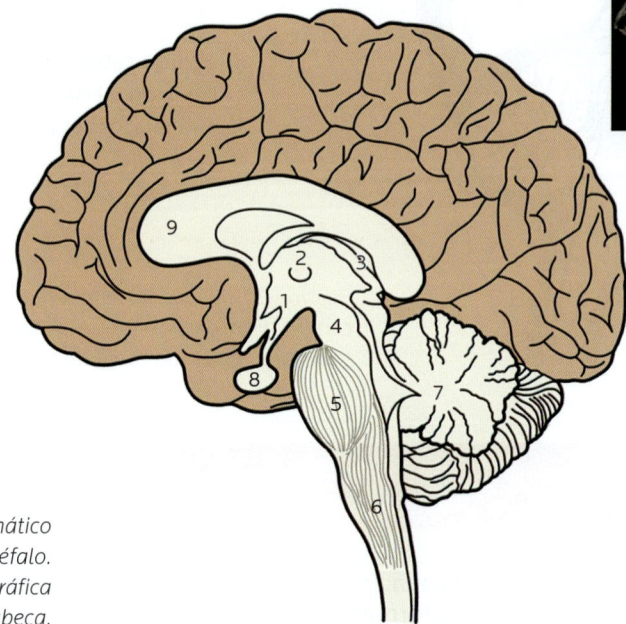

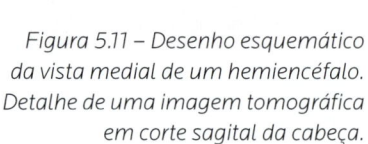

Figura 5.11 – Desenho esquemático da vista medial de um hemiencéfalo. Detalhe de uma imagem tomográfica em corte sagital da cabeça.

EPITÁLAMO

Segmento posterior ao diencéfalo e superior ao mesencéfalo, é formado basicamente pelo corpo pineal. Faz conexão entre o sistema límbico e outras áreas do cérebro e produz alguns hormônios, como a melatonina, que regula o ciclo circadiano.

O TRONCO ENCEFÁLICO

O tronco encefálico está localizado entre a medula espinal e o diencéfalo. É anterior ao cerebelo; portanto, conecta a medula espinal com o cérebro. É constituído por três partes (ponte, bulbo e mesencéfalo), descritas a seguir (Fig. 5.12).

PONTE

Disposta entre o bulbo e o mesencéfalo, é ventral ao cerebelo. Possui estrias (tratos) ventralmente, que conectam a medula espinal a outras estruturas encefálicas, formando um volumoso feixe, o pedúnculo cerebelar médio. Já as fibras longitudinais constituem parte dos tratos sensitivos e motores que conectam a medula espinal e o bulbo a outras porções do SNC.

Anatomia geral e odontológica

É possível identificar na superfície ventral da ponte uma depressão linear, o sulco da artéria basilar. Junto ao sulco bulbopontino, que separa a ponte do bulbo, emerge de cada lado, a partir da linha mediana, o VI, o VII e o VIII pares de nervos cranianos. A ponte possui os seguintes núcleos de nervos cranianos no seu interior:

- núcleo motor do nervo trigêmeo (V par craniano);
- núcleos sensitivos do nervo trigêmeo (V par craniano);
- núcleo do nervo abducente (VI par craniano);
- núcleo do nervo facial (VII par craniano); e
- núcleo do nervo vestibulococlear (VIII par craniano).

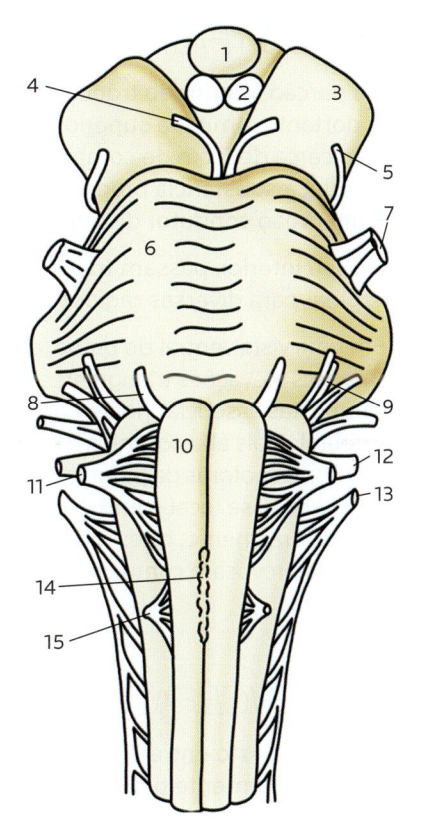

1. Infundíbulo da hipófise
2. Corpos mamilares
3. Pedúnculo cerebral (mesencéfalo)
4. Nervo oculomotor
5. Nervo troclear
6. Ponte
7. Nervo trigêmeo
8. Nervo abducente
9. Nervo facial
10. Pirâmide do bulbo
11. Nervo acessório
12. Nervo glossofaríngeo
13. Nervo hipoglosso
14. Decussação das pirâmides
15. Raízes ventrais dos nervos espinais

Figura 5.12 – Vista anterior do tronco encefálico, mesencéfalo e nervos cranianos.

A parte dorsal da ponte e do bulbo e a parte ventral do cerebelo constituem o soalho do IV ventrículo, que continua caudalmente com o canal central do bulbo e acima com o aqueduto cerebral, cavidade do mesencéfalo que comunica o III e o IV ventrículos. Esse recesso se comunica de cada lado com o espaço subaracnóideo por meio das duas aberturas laterais do IV ventrículo (Fig. 5.13).

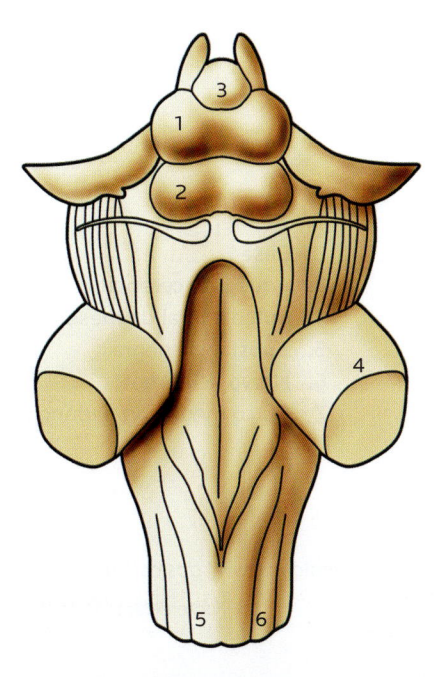

SAIBA MAIS

A ponte desempenha uma função fundamental na regulação do padrão e do ritmo respiratório (núcleo pneumotáxico). Desse modo, lesões na ponte podem provocar graves alterações no ritmo respiratório.

1. Colículo superior
2. Colículo inferior
3. Corpo pineal
4. Pedúnculo cerebelar
5. Fascículo grácil
6. Fascículo cuneiforme

Figura 5.13 – Vista dorsal do tronco encefálico. O cerebelo foi removido. É possível observar também algumas estruturas diencefálicas (numeração de 1 a 6).

BULBO (FIG. 5.12)

É a porção inferior do tronco encefálico, localizada abaixo da ponte e, portanto, limitada superiormente pelo sulco bulbopontino. Tem cerca de 3 cm de comprimento e lembra um cone cortado, no qual a substância branca é externa e a cinzenta é interna. É um órgão condutor de impulsos nervosos.

No seu interior, passam tratos ascendentes e descendentes da medula espinal para diversas regiões encefálicas e vice-versa.

Em uma vista ventral do bulbo, é possível identificar as **pirâmides**, que são duas elevações triangulares, dispostas lateralmente à linha mediana, compostas essencialmente por tratos motores provenientes do córtex cerebral. Mais abaixo, antes de chegar à medula espinal, a maior parte das fibras motoras da pirâmide cruzam de um lado para o outro, definindo esse local como decussação das pirâmides. Por causa desse cruzamento, os estímulos motores originários no lado direito do cérebro provocam contrações musculares do lado esquerdo do corpo e vice-versa.

> **SAIBA MAIS**
>
> O bulbo está relacionado a funções vitais como respiração e controle dos batimentos cardíacos e da pressão arterial, com alguns reflexos mastigatórios, movimentos peristálticos, fala, secreção lacrimal e vômito. Portanto, um trauma ou a compressão do bulbo pelo cerebelo pode causar morte instantânea e paralisa dos movimentos respiratórios e cardíacos.

MESENCÉFALO

Está interposto entre a ponte e o cerebelo e é atravessado longitudinalmente pelo aqueduto do mesencéfalo. A parte do mesencéfalo situada dorsalmente ao aqueduto é o teto do mesencéfalo. Ventralmente, há os dois pedúnculos cerebrais (Fig. 5.14), que se dividem em uma parte dorsal, o tegmento, e outra ventral, a base do pedúnculo. Ainda no dorso do mesencéfalo, há quatro eminências arredondadas; as duas eminências superiores ou craniais são os colículos superiores (Fig. 5.13), relacionados aos movimentos da cabeça relativos à visão e, as outras duas eminências inferiores ou caudais são os colículos inferiores, cuja função está relacionada com movimentos da cabeça relativos à audição (Fig. 5.15).

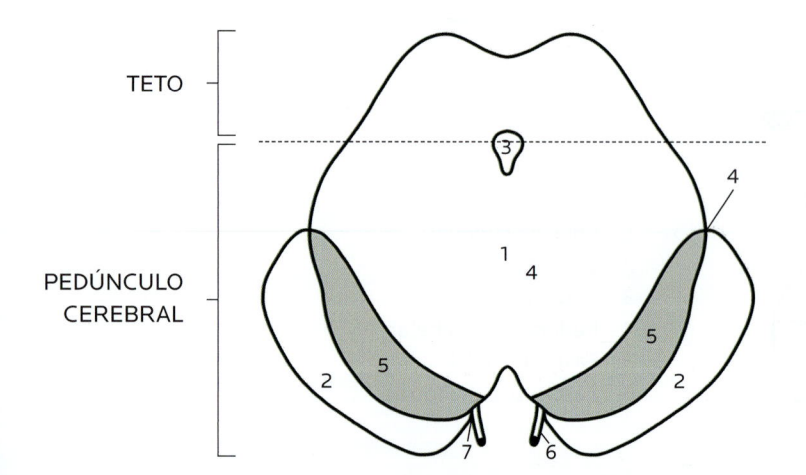

1. Tegmento
2. Base
3. Aqueduto cerebral
4. Sulco lateral do mesencéfalo
5. Substância negra
6. Nervo oculomotor
7. Sulco medial do pedúnculo cerebral

Figura 5.14 – Corte transversal do mesencéfalo, no nível dos colículos superiores.

Fonte: Adaptada de Machado.[3]

No interior do mesencéfalo, há a **substância negra** (Fig. 5.14), um núcleo constituído por neurônios que sintetizam a dopamina, um importante neurotransmissor relacionado com as atividades motoras. Os núcleos do mesencéfalo são núcleo rubro (associado a atividades motoras), núcleo mesencefálico do nervo trigêmeo (V par craniano), núcleo do nervo troclear (IV par craniano) e núcleo do nervo oculomotor (III par craniano).

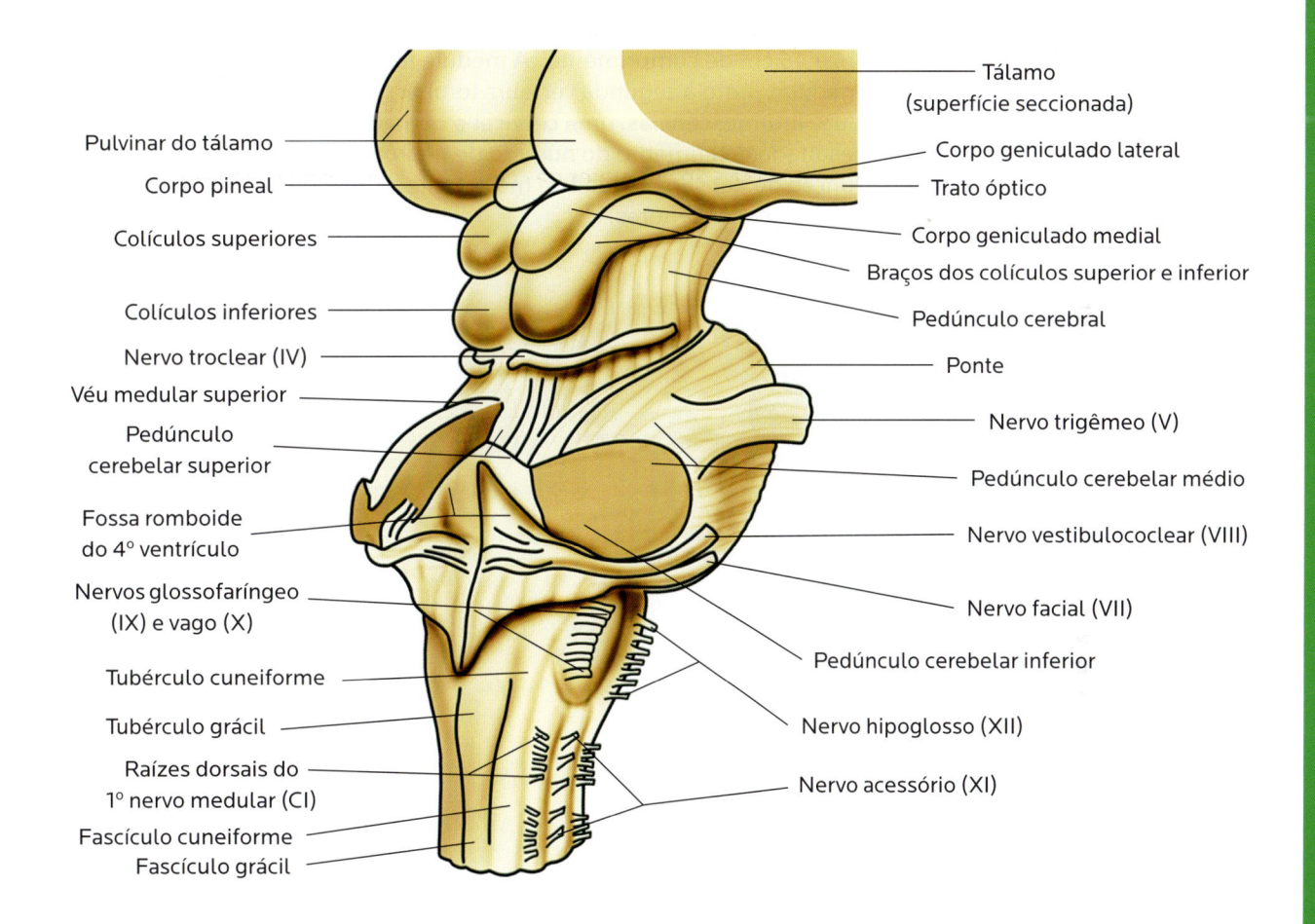

Figura 5.15 – Vista posterior do tronco encefálico.

CEREBELO (FIG. 5.11)

Está situado dorsalmente ao bulbo e à ponte (tronco encefálico), abaixo dos hemisférios cerebrais. Repousa sobre a fossa cerebelar do osso occipital e está separado do lobo occipital pela tenda do cerebelo, prega da dura-máter. É formado por dois hemisférios cerebelares. Seu funcionamento é involuntário e inconsciente, e sua função é exclusivamente motora (equilíbrio e coordenação).

MEDULA ESPINAL (FIG. 5.16)

É a porção alongada do sistema nervoso central, contínua ao encéfalo. Com forma cilíndrica e achatada, está envolvida pela coluna vertebral e ocupa todo o canal vertebral. Tem início logo abaixo do tronco encefálico (bulbo) e segue desde o forame magno do crânio até a segunda vértebra lombar, atingindo entre 44 e 46 cm de comprimento. A medula termina no cone medular, junto à segunda vértebra lombar (L2), e apresenta duas **intumescências**, uma **cervical** e outra **lombar**, que são resultado do aumento do número de neurônios com função de dar sensibilidade e movimentação aos membros superiores e inferiores.

Figura 5.16 – Medula espinal, vista posterior.

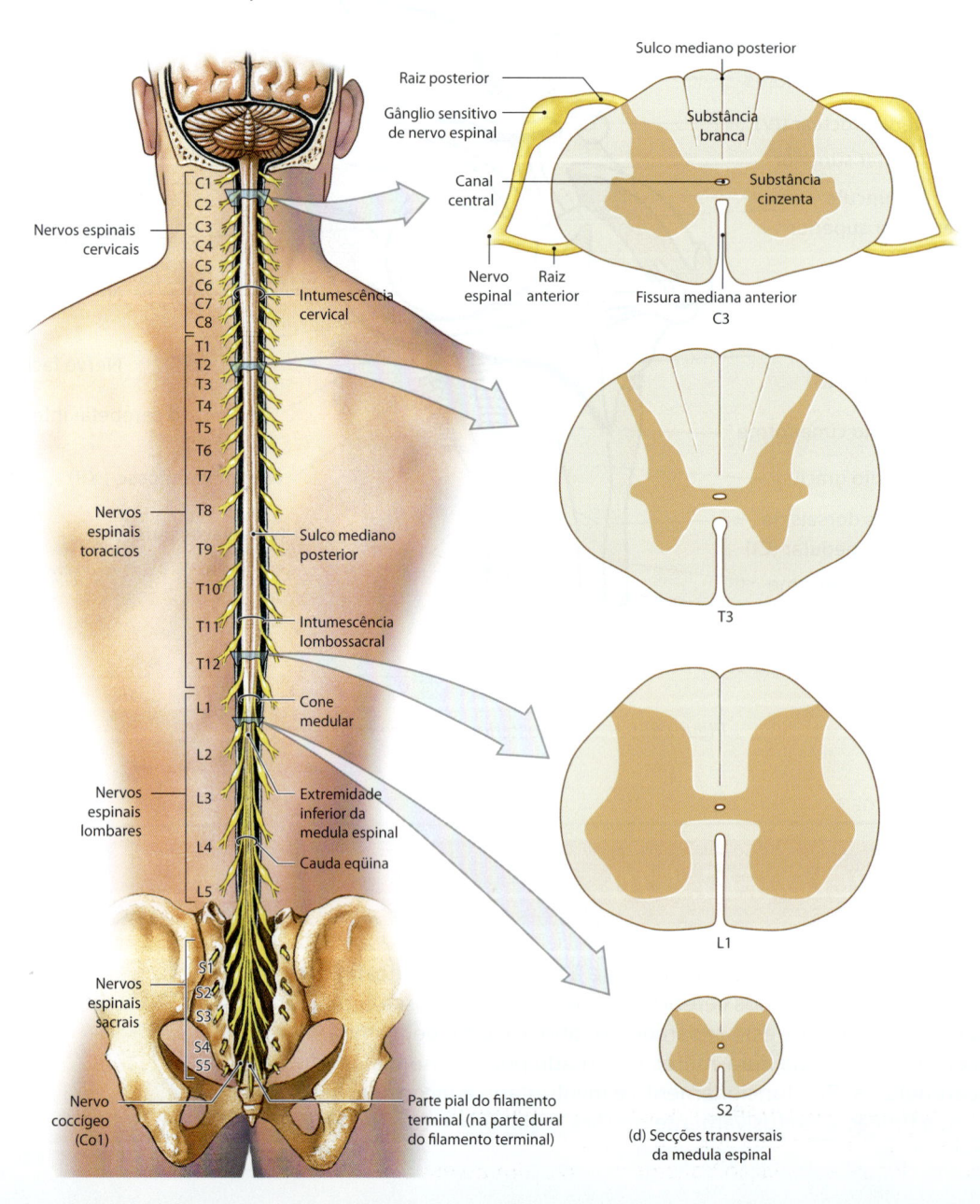

(d) Secções transversais da medula espinal

Anatomia geral e odontológica

Da medula partem 31 pares de nervos mistos (sensitivos e motores) que inervam todo o corpo (exceto a cabeça), sendo 8 pares de nervos cervicais, 12 torácicos, 5 lombares, 5 sacrais e um par coccígeo. Em virtude dos ritmos diferentes de crescimento, a medula espinal é menor que a coluna vertebral, por isso os nervos que partem da medula na região lombossacral não são alinhados com as vértebras, mas inclinados, quase verticais. A esse conjunto de nervos dá-se o nome de **cauda equina**.

Ao observarmos um corte transversal da medula espinal (Fig. 5.17), é possível notar que a medula é formada internamente por substância cinzenta, com forma semelhante à letra "H" ou de borboleta, circundada por substância branca. Na substância cinzenta, estão os corpos dos neurônios amielínicos com seus axônios e dendritos; na branca, estão os feixes de axônios mielínicos de neurônios sensitivos ou motores que formam os tratos ou fascículos, que levam ou trazem impulsos desde a medula para o encéfalo.

A Figura 5.17 destaca os cornos anteriores e os posteriores ligados por uma barra transversal. No centro, há um canal que percorre toda a sua extensão, o canal central da medula, comunicando-se superiormente com o quarto ventrículo. Nos segmentos torácico e lombar, entre os cornos anterior e posterior, lateralmente, há o corno lateral.

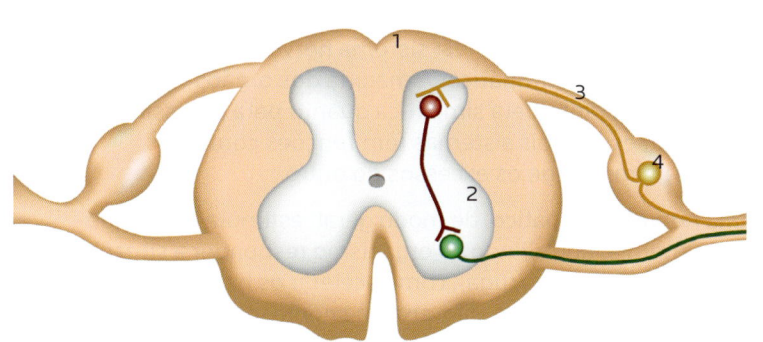

1. Substância branca
2. Substância cinzenta
3. Nervo
4. Gânglio

Figura 5.17 – Corte transversal da medula espinal.

Fonte: Shutterstock.[2]

Cada par de nervos espinais possui duas raízes ligadas à medula. A **raiz posterior** ou dorsal contém apenas fibras sensitivas e uma pequena dilatação próxima a ele, o gânglio sensitivo, onde estão os corpos celulares dos neurônios. A **raiz anterior** ou ventral contém apenas fibras motoras que conduzem impulsos desde a medula até os músculos ou glândulas.

Após emergir da coluna vertebral pelo respectivo forame intervertebral, o nervo espinal se divide em dois ramos. O **ramo posterior** ou dorsal inervará músculos e a pele do dorso, enquanto o **ramo anterior** ou ventral inervará músculos, pele, ossos e vasos da região ventral. Além de conduzir estímulos sensitivos e motores, a medula propicia os reflexos medulares.

Os reflexos são comandados pela substância cinzenta da medula espinal e do bulbo. Basicamente, quando ocorre um estímulo, a fibra nervosa de um nervo sensitivo (aferente) transmite-o até a medula espinal, passando pela sua raiz dorsal. Na medula ou no encéfalo, os neurônios de associação transformam o estímulo em ordem de ação,

Arco reflexo

Resposta involuntária rápida, consciente ou não, com o propósito de proteger ou adaptar o organismo a um estímulo externo antes mesmo de o cérebro tomar conhecimento ou coordenar uma resposta a ele.

que sairá da medula pela raiz nervosa ventral e será enviada pela fibra motora (ou eferente) ao órgão (glândula ou músculo) que realizará uma resposta ao estímulo inicial. Esse movimento forma um arco, que é chamado de **arco reflexo**.

SISTEMA NERVOSO AUTÔNOMO

LEMBRETE

O SNA é inteiramente motor e controlado pelo SNC, pois é interligado ao hipotálamo, que coordena a resposta comportamental para garantir a homeostasia.

É também denominado sistema neurovegetativo ou sistema nervoso visceral. Trata-se da porção eferente visceral do sistema nervoso periférico, relacionado com o controle da vida vegetativa. O SNA é o responsável pelas respostas reflexas de natureza automática; controla a **musculatura lisa**, a **musculatura cardíaca** e as **glândulas exócrinas** (Fig. 5.18). Dessa forma, permite o aumento da pressão arterial (pelo controle dos vasos sanguíneos), da frequência respiratória, dos movimentos peristálticos, da secreção glandular, etc.

O SNA inicia sua ação com a transmissão da sensibilidade visceral feita pelo SNC, que possui receptores sensitivos associados a neurônios viscerais aferentes. Esses neurônios vicerais possuem corpos celulares em gânglios sensitivos cranianos e espinais, assim como os outros tipos de informação sensorial.

Com base em suas características anatômicas e funcionais, o SNA pode ser dividido em duas partes: **sistema nervoso simpático** e o **sistema nervoso parassimpático**. A maioria dos orgãos é inervada pelas duas partes, tanto pela simpática quanto pela parassimpática. De modo geral, esses dois sistemas têm funções contrárias (antagônicas); um corrige os excessos do outro.

SAIBA MAIS

Alguns órgãos, como glândulas sudoríparas, rins, baço, glândula suprarrenal, recebem inervação exclusiva. A maioria dos vasos sanguíneos, por exemplo, é inervada apenas pela divisão simpática.

O **sistema nervoso simpático**, de modo geral, estimula ações que mobilizam energia, permitindo ao organismo responder a situações de estresse (reação de luta ou fuga), como acelerar os batimentos cardíacos e aumentar a pressão arterial. Já o **sistema nervoso parassimpático** estimula principalmente atividades relaxantes, preservando energia, como as reduções do ritmo cardíaco e da pressão arterial, entre outras.

Diferentemente do SNC, que possui apenas um neurônio motor que o liga ao órgão efetuador (músculo esquelético), o SNA possui dois neurônios motores que fazem essa ligação. Tanto a divisão simpática quanto a parassimpática são constituídas basicamente por uma via motora com **dois neurônios**, sendo um **pré-ganglionar** (cujo corpo está no interior do SNC) e outro **pós-ganglionar** (cujo corpo está em um gânglio autônomico).

LEMBRETE

Para entender o funcionamento do SNA, é necessário conhecer qual divisão atua no órgão, bem como se o órgão possui inervação única ou dupla e, quando dupla, qual dos dois sistemas é predominante.

Na divisão simpática, os neurônios pré-ganglionares emergem dos segmentos toracolombares e, logo que deixam a medula espinal, passam para um dos 22 gânglios da cadeia simpática, onde farão sinapse com um neurônio pós-ganglionar. Por essa razão, os neurônios pré-ganglionares do sistema nervoso simpático são curtos, e os pós-ganglionares são longos, o que torna sua ação mais ampla.

No sistema parassimpático, as fibras pré-ganglionares saem da medula espinal nos nervos cranianos III, VII, IX e X e nos nervos sacrais S2, S3 e S4, por isso são denominados **craniossacrais**. As fibras pré-ganglionares seguem então, sem interrupção, até alcançarem o órgão inervado, fazendo sinapse com os neurônios pós-ganglionares próximo ou dentro do orgão. Por isso, as fibras pré-ganglionares são longas e as pós-ganglionares curtas, tornando sua ação mais específica.

Normalmente, tanto as fibras nervosas da divisão simpática quanto as da parassimpática secretam dois neurotransmissores nas sinapses: noradrenalina e acetilcolina. As fibras que secretam noradrenalina ativam **receptores adrenérgicos,** e as que secretam acetilcolina ativam **receptores colinérgicos**, que têm ação rápida e local. Não há uma regra precisa sobre qual neurotransmissor cada divisão emprega; no entanto, é possível afirmar que todos os neurônios pré-ganglionares, simpáticos ou parassimpáticos, são colinérgicos.

Em relação aos neurônios pós-ganglionares simpáticos, a maioria é adrenérgica, mas também há colinérgicos, como os que inervam a maioria das células sudoríparas e os vasos sanguíneos dos músculos. Já os pós-ganglionares parassimpáticos são colinérgicos.

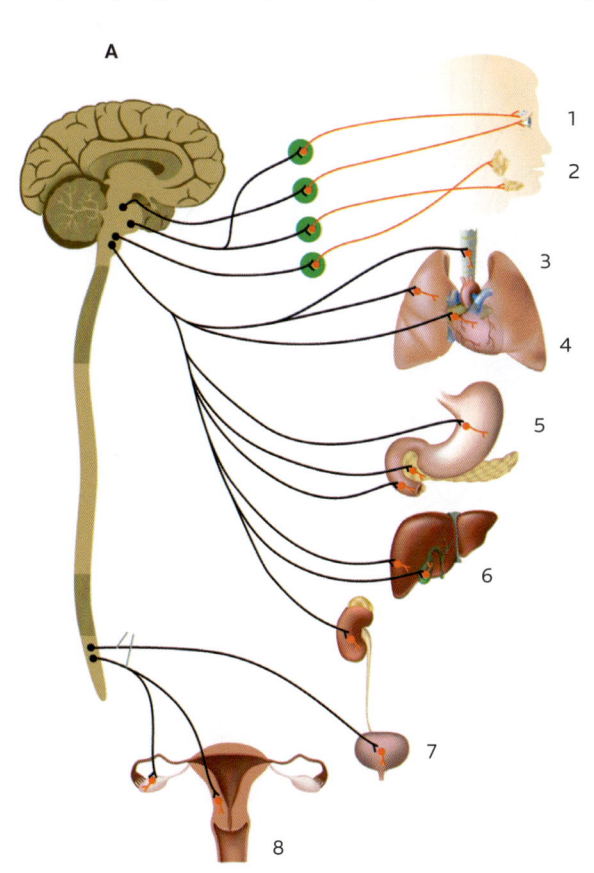

Sistema parassimpático

1. Contrai a pupila
2. Estimula a salivação
3. Contrai os brônquios
4. Reduz os batimentos cardíacos
5. Estimula a atividade do estômago e do pâncreas
6. Estimula a vesícula biliar
7. Contrai a bexiga
8. Estimula a excitação dos órgãos sexuais

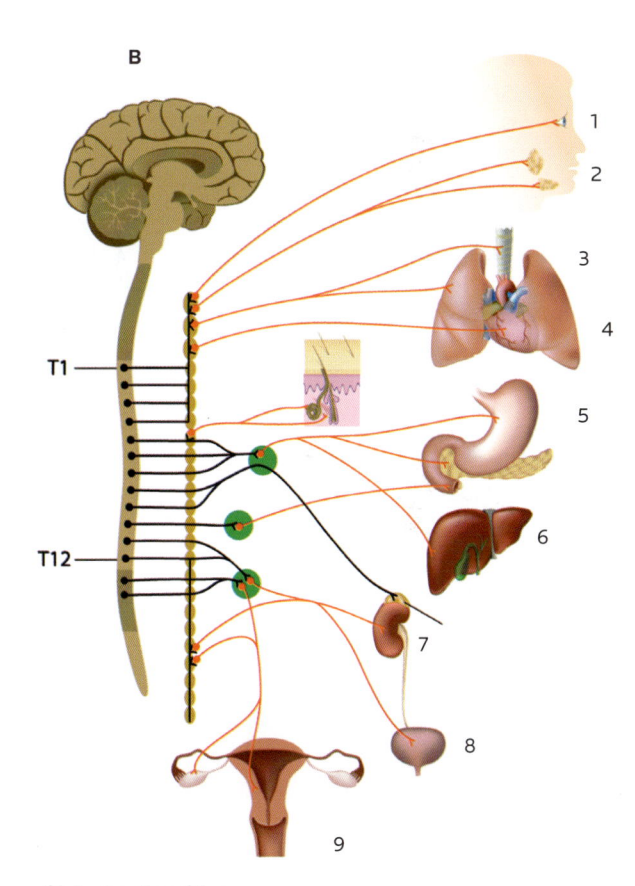

Sistema simpático

1. Dilata a pupila
2. Inibe a salivação
3. Relaxa os brônquios
4. Acelera os batimentos cardíacos
5. Inibe a atividade do estômago e do pâncreas
6. Estimula a liberação de glicose pelo fígado
7. Estimula a produção de adrenalina e noradrenalina
8. Relaxa a bexiga
9. Estimula o orgasmo/ promove a ejaculação

Figura 5.18 – Resumo de algumas das reações do SNA. (A) Sistema parassimpático. (B) Sistema simpático.
Fonte: Shutterstock.[3,4]

NERVOS CRANIANOS

Diferentemente dos 31 pares de nervos espinais, que são todos mistos e têm origem na medula espinal, os 12 pares de nervos cranianos tem origem no encéfalo e podem ser mistos, motores ou exclusivamente sensitivos. São numerados com os algarismos romanos (I a XII) no sentido rostrocaudal, respeitando sua ordem de origem aparente no encéfalo (Fig. 5.19). A seguir, é feita uma descrição de cada um deles.

1. Nervo olfatório
2. Nervo óptico
3. Nervo oculomotor
4. Nervo troclear
5. Nervo trigêmeo
6. Nervo abducente
7. Nervo facial
8. Nervo vestibulococlear
9. Nervo glossofaríngeo
10. Nervo vago
11. Nervo acessório
12. Nervo hipoglosso

Figura 5.19 – Vista ventral do tronco encefálico. À direita da figura estão representados os nervos cranianos. A área cinza representa parte do hipotálamo.

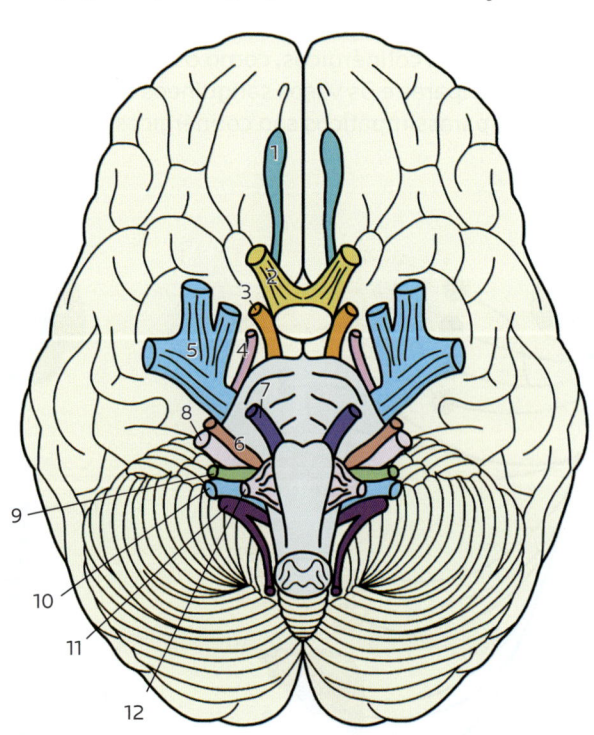

NERVO OLFATÓRIO

É um nervo exclusivamente sensitivo, responsável pela condução dos impulsos olfatórios. É formado por feixes nervosos oriundos da parte olfatória da mucosa nasal que atravessam a lâmina cribriforme do osso etmoide, alcançando o bulbo olfatório dentro do crânio. Esse nervo é classificado como aferente visceral especial.

NERVO ÓPTICO

É um nervo totalmente sensitivo. As fibras nervosas do nervo óptico, oriundas da retina, penetram no crânio pelo canal óptico e, após se unirem no quiasma óptico, cruzam suas fibras (lado direito e esquerdo) e continuam no trato óptico até o corpo geniculado lateral. Esse nervo é classificado como aferente somático especial.

NERVO OCULOMOTOR

É um nervo exclusivamente motor, responsável pela inervação dos músculos extrínsecos do olho (oblíquo superior, oblíquo inferior, reto lateral, reto medial, reto superior, reto inferior e levantador da pálpebra superior).

NERVO TROCLEAR

Também é um nervo motor; tem origem aparente abaixo dos colículos inferiores no mesencéfalo e sai do crânio pela fissura orbital superior. Inerva exclusivamente o músculo oblíquo superior.

NERVO ABDUCENTE

Tem origem no núcleo abducente localizado no interior da ponte e envia suas fibras motoras para os músculos retos laterais do olho. Um dano no nervo abducente ou em seu núcleo interrompe o controle do movimento horizontal do olho.

NERVO TRIGÊMEO

É um nervo misto que possui uma raiz sensitiva consideravelmente maior que a motora. Como o próprio nome diz, possui três ramos ou raízes, que são responsáveis por oferecer sensibilidade somática geral a grande parte da cabeça, além de conferir o movimento aos músculos da mastigação (Fig. 5.20).

- Primeiro ramo (V1), nervo oftálmico: é exclusivamente sensitivo e responsável pela sensibilidade da cavidade orbital e de seu conteúdo.
- Segundo ramo (V2), nervo maxilar: também é exclusivamente sensitivo e inerva as estruturas de suporte e todos os dentes superiores, bem como as partes moles entre a pálpebra inferior, o nariz e o lábio superior.
- Terceiro ramo (V3), nervo mandibular: tem fibras sensitivas e motoras. É bastante ramificado, e seus principais ramos são o nervo lingual e o nervo alveolar inferior.

LEMBRETE

Os três ramos nervo trigêmeo conduzem tanto impulsos exteroceptivos (temperatura, pressão, dor, tato), quanto proprioceptivos (provenientes dos receptores localizados nos músculos da mastigação e na ATM).

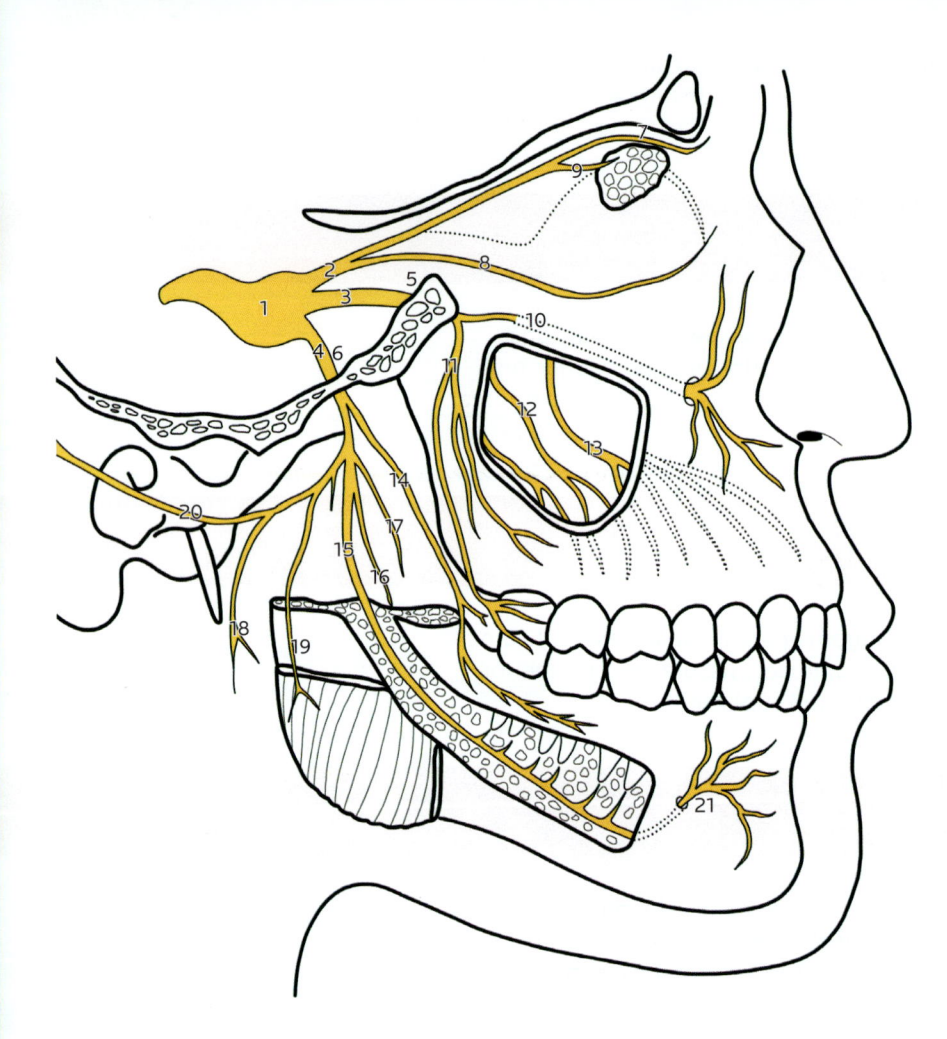

1. Gânglio trigeminal
2. Nervo oftálmico
3. Nervo maxilar
4. Nervo mandibular
5. Forame redondo
6. Forame oval
7. Nervo frontal
8. Nervo nasociliar
9. Nervo lacrimal
10. Nervo infraorbital
11. Nervo alveolar superior posterior
12. Nervo alveolar superior médio
13. Nervo alveolar superior anterior
14. Nervo bucal
15. Nervo alveolar inferior
16. Nervo milo-hióideo
17. Nervo pterigoide lateral
18. Nervo pterigoide medial
19. Nervo massetérico
20. Nervo auriculotemporal
21. Nervo mentoniano

Figura 5.20 – Representação esquemática dos ramos do nervo trigêmeo.

NERVO FACIAL

SAIBA MAIS

O nervo facial é também denominado nervo facial intermédio, em razão de sua divisão motora (facial) e sensitiva (intermédio), que se funde em um tronco único no meato acústico interno. Dentro do osso temporal, ocupa o canal facial até alcançar o forame estilomastóideo.

Nervo misto que emerge do sulco bulbopontino com duas raízes: uma motora e outra sensitiva (visceral). Após percorrer o meato acústico interno, o nervo facial sai do crânio pelo forame estilomastóideo, dividindo-se em cinco ramos que irão oferecer a inervação motora aos músculos da expressão facial (da mímica) além do músculo estilo--hióideo e do ventre posterior do músculo digástrico. Conduz estímulos até as glândulas lacrimal, submandibular e sublingual, e suas fibras sensitivas recebem impulsos gustatórios dos dois terços anteriores da língua.

1. Ramo temporal
2. Ramo zigomático
3. Ramo bucal
4. Ramo marginal da mandíbula
5. Ramo cervical

O nervo facial recebe e envia ramos dentro e fora do osso temporal. Os ramos internos são sensitivos, e os principais são o nervo petroso maior e o nervo corda do tímpano. O **nervo petroso maior** dá sensibilidade ao palato mole, e suas fibras parassimpáticas secretomotoras se juntam com fibras simpáticas (do nervo petroso profundo), no gânglio pterigopalatino, para inervar as glândulas lacrimal e palatina e as mucosas da cavidade nasal.

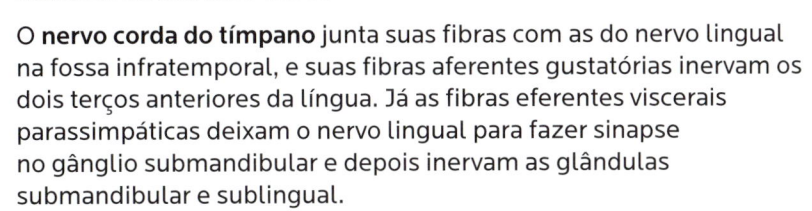

O **nervo corda do tímpano** junta suas fibras com as do nervo lingual na fossa infratemporal, e suas fibras aferentes gustatórias inervam os dois terços anteriores da língua. Já as fibras eferentes viscerais parassimpáticas deixam o nervo lingual para fazer sinapse no gânglio submandibular e depois inervam as glândulas submandibular e sublingual.

Após sair do interior do crânio pelo forame estilomastóideo, o nervo facial é exclusivamente motor, e seus primeiros ramos se dirigem para o ventre posterior do músculo digástrico (nervo digástrico), para o músculo estilo-hióideo (nervo estilo-hióideo) e para a região posterior da cabeça, inervando o ventre occipital do músculo occipitofrontal pelo nervo auricular posterior.

Ao curvar-se em direção à face, percorre o interior da glândula parótida sem inervá-la, cruza a veia retromandibular, se divide em dois ramos e depois em outros cinco ramos terminais, denominados temporal, zigomático, bucal, marginal da mandíbula e cervical, os quais são responsáveis por movimentar os músculos da expressão facial. (Fig. 5.21)

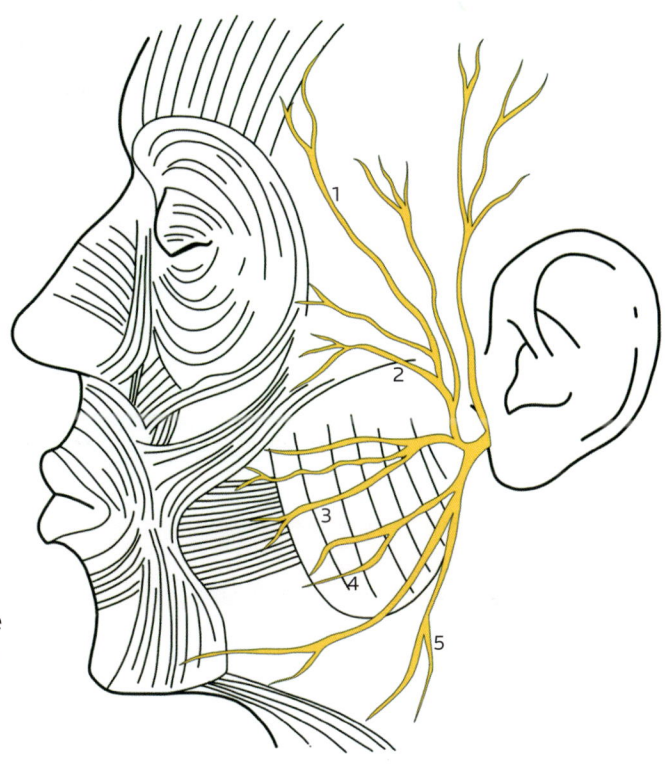

Figura 5.21 – O nervo facial e seus ramos.

> **ATENÇÃO**
>
> Uma lesão durante um procedimento cirúrgico ou a paralisia do nervo por causas virais, choque térmico ou traumático, em qualquer um dos cinco ramos terminais (motores) do nervo facial, deixa o indivíduo sem expressão facial. Contudo, esse quadro pode ser reversível, uma vez que esse nervo tem um poder regenerador maior do que qualquer outro nervo do corpo.

NERVO VESTÍBULO-COCLEAR

É um nervo exclusivamente sensitivo. Ocupa o meato acústico interno, junto com o nervo facial. Possui duas partes (vestibular e coclear) que, embora estejam unidas em um tronco comum, possuem origem, funções e conexões centrais diferentes. A parte vestibular é formada por fibras sensitivas cujos neurônios sensitivos provenientes do gânglio vestibular controlam o equilíbrio do corpo. A parte coclear possui neurônios sensitivos do gânglio espiral, que conduzem estímulos para a audição. As fibras são classificadas como aferentes somáticas especiais.

NERVO GLOSSOFARÍNGEO

É um nervo misto que sai do crânio pelo forame jugular. Possui dois gânglios: um superior (jugular) e outro inferior (petroso), formados por neurônios sensitivos cujas fibras aferentes viscerais gerais captam sensibilidade geral do terço posterior da língua, da faringe, da úvula, das tonsilas, da tuba auditiva e do corpo e seio carotídeos. Esse nervo também inerva a glândula parótida por meio de fibras eferentes viscerais gerais.

NERVO VAGO

É o maior de todos os nervos cranianos. É misto, porém com predomínio visceral (sensitivo). Sai do crânio pelo forame jugular, atravessa o pescoço e o tórax e termina no abdome. Durante seu longo trajeto, emite vários ramos que inervam a faringe e a laringe, compõe plexos viscerais que promovem a inervação autônoma das vísceras torácicas e abdominais. Dentre seus cinco componentes funcionais, destacam-se:
- fibras aferentes viscerais gerais (X.1): são numerosas e conduzem impulsos aferentes provenientes da faringe, da laringe, da traqueia, do esôfago, das vísceras do tórax e do abdome;
- fibras eferentes viscerais gerais (X.2): promovem a inervação parassimpática das vísceras torácicas e abdominais;
- fibras eferentes viscerais especiais (X.3): inervam os músculos da laringe e da faringe.

NERVO ACESSÓRIO

É um nervo misto, com predomínio da função motora. Controla a atividade motora da faringe, da laringe, do palato e dos músculos esternocleidomastóideo e trapézio. Tem origem no bulbo, com uma raiz craniana e outra espinal. Esta última é formada por filamentos radiculares que constituem um tronco comum que penetra no crânio pelo forame magno. Esse tronco, ao se unir com os filamentos da raiz craniana, depois se divide em um ramo interno, que acompanha o vago, e outro ramo externo, que inerva os músculos trapézio e esternocleidomastóideo.

As fibras da raiz craniana unidas ao vago são:
- fibras eferentes viscerais especiais do nervo laríngeo recorrente (XI.1): inervam os músculos da laringe;
- fibras eferentes viscerais gerais (XI.2): inervam as vísceras torácicas com fibras do nervo vago.

NERVO HIPOGLOSSO

É o nervo motor da língua. É um nervo misto, com predomínio da função motora. Emerge do bulbo, suas fibras eferentes somáticas (motoras) saem do crânio pelo canal do hipoglosso e inervam os músculos intrínsecos e extrínsecos da língua (Fig. 5.22). A porção sensitiva capta informação proprioceptiva dos músculos inervados.

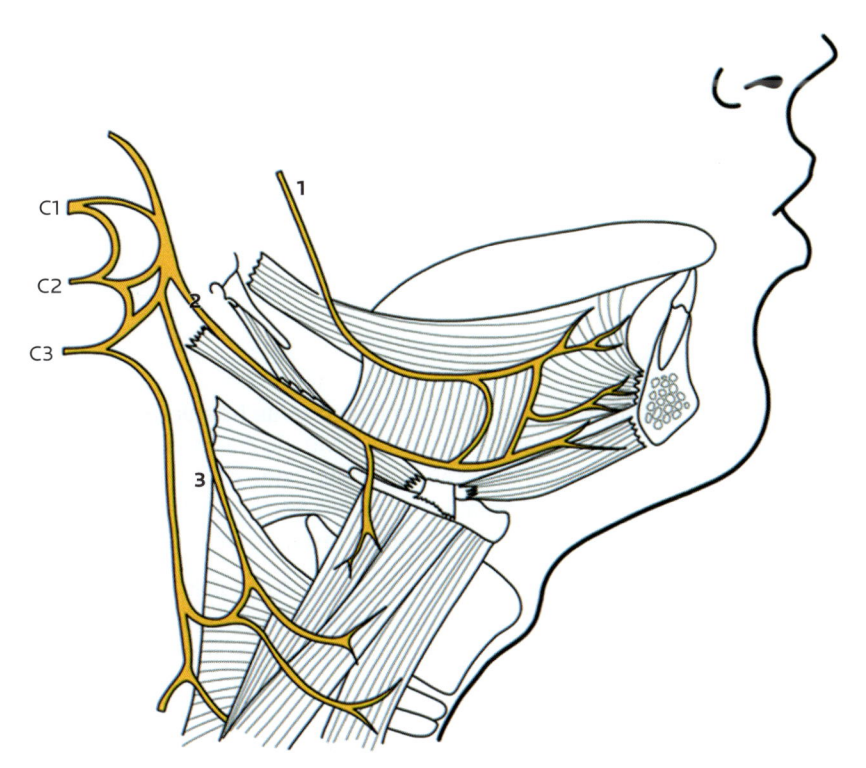

SAIBA MAIS

Qualquer lesão em um dos lados do nervo hipoglosso gera uma paralisia lingual unilateral que pode ser notada quando a língua é projetada para a frente, em razão de seu desvio para o lado afetado.

1. Nervo lingual
2. Nervo Hipoglosso
3. Alça cervical do nervo hipoglosso
C1. Primeiro par de nervo cervical
C2. Segundo par de nervo cervical
C3. Terceiro par de nervo cervical

Figura 5.22 – Desenho esquemático dos nervos lingual e hipoglosso.

NERVO TRIGÊMEO (V)

É um nervo misto, porém com predomínio de fibras sensitivas que captam a sensibilidade de praticamente toda a face, incluindo mucosa bucal, gengiva, dentes e estruturas de suporte. Sua origem aparente é no pedúnculo cerebelar médio e, após curto trajeto, alcança o **gânglio trigeminal**, que está localizado na fossa média do crânio, na impressão trigeminal que está na parte petrosa do osso temporal. Como é o único gânglio localizado no interior do crânio, está envolvido por duas camadas da dura-máter preenchidas com líquido cerebrospinal, além da pia-máter e da aracnoide-máter.

O nervo trigêmeo possui essa denominação pela presença de três ramos calibrosos que estão distribuídos na superfície e profundamente na face. Cada um dos ramos é denominado conforme seu território de inervação. Os dois primeiros ramos são exclusivamente sensitivos; o outro é misto, cujo componente motor inerva os músculos da

SAIBA MAIS

O gânglio trigeminal é o maior gânglio do corpo humano.

mastigação, entre outros. As divisões partem do gânglio trigeminal: o primeiro ramo é o **nervo oftálmico,** que se dirige para a órbita; o segundo é o **nervo maxilar**, que alcança a maxila; e o terceiro, o **nervo mandibular**, onde está a porção motora.

Os núcleos do nervo trigêmeo estão localizados no tronco encefálico e podem ser divididos morfofuncionalmente em quatro núcleos: mesencefálico, sensitivo principal, espinal e motor. É nesses núcleos que a maioria dos estímulos dolorosos da polpa dental, térmicos provenientes da face e mucosa bucal, tato e propriocepção provenientes dos músculos da face são processados.

Patologias centrais do nervo trigêmeo exigem tratamento médico, embora apresentem sinais clínicos reconhecidos pelo dentista, como a paralisia de músculos inervados pelo nervo trigêmeo, áreas sem sensibilidade ou com dor. A avaliação correta desses sintomas permite diagnosticar possíveis aneurismas cujos sintomas são semelhantes, evitando sequelas ou mesmo a morte do paciente.

RAMOS DO NERVO TRIGÊMEO

Nervo oftálmico

É exclusivamente sensitivo. Fornece um ramo recorrente (meníngico) que inerva a dura-máter encefálica ainda dentro da cavidade craniana. Após atravessar a fissura orbital superior, alcança a órbita, onde se divide em três ramos principais (lacrimal, frontal e nasociliar), que estão dispostos na porção lateral, intermédia e medial da órbita, respectivamente.

O **nervo lacrimal** inerva a pálpebra superior, a pele do ângulo lateral do olho e a conjuntiva, bem como a glândula lacrimal. Os ramos do **nervo frontal** inervam a pele frontal, o terço médio da pálpebra superior e também a conjuntiva do olho. O **nervo nasociliar**, após comunicação com o gânglio ciliar, inerva o seio frontal da dura-máter, a mucosa nasal, a pele do ápice do nariz, das narinas e o ângulo medial do olho.

Nervo maxilar

O nervo maxilar é o segundo ramo do nervo trigêmeo e também é puramente sensitivo. Logo que sai da fossa craniana pelo forame redondo, alcança o alto da fossa pterigopalatina onde se divide nos ramos pteriogopalatinos (nasais, orbitais, palatino), zigomáticos, alveolar superior posterior e infraorbital (Fig. 5.23).

1. Gânglio trigeminal
2. Nervo oftálmico
3. Nervo maxilar
4. Nervo mandibular
5. Gânglio pterigopalatino
6. Nervo palatino
7. Nervo palatino menor
8. Nervo palatino maior
9. Nervo maxilar
10. Nervo infraorbital
11. Nervo alveolar superior posterior
12. Nervo alveolar superior médio
13. Nervo alveolar superior anterior
14. Ramo palpebral inferior do nervo infraorbital
15. Ramo nasal lateral do nervo infraorbital
16. Ramo labial superior do nervo infraorbital

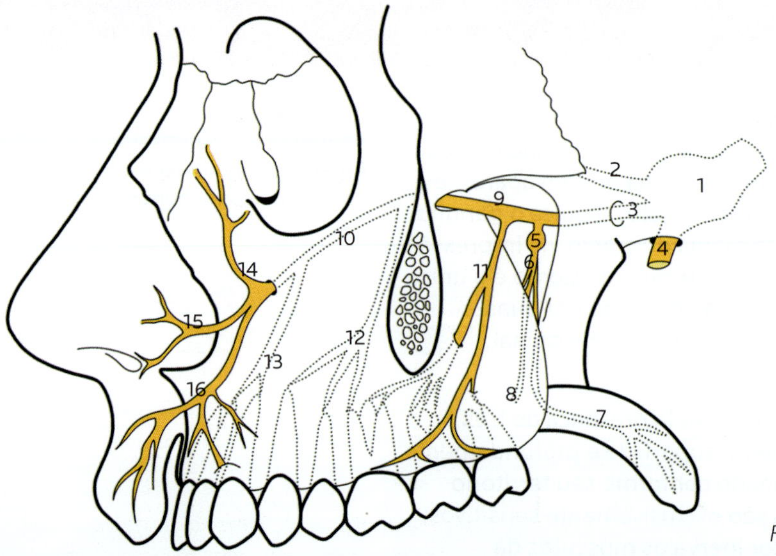

Figura 5.23 – Representação esquemática dos principais ramos do nervo maxilar.

Os **nervos pterigopalatinos** são dois ou três ramos do nervo maxilar, com trajeto descendente, que atravessam o gânglio pterigopalatino sem fazer sinapse com ele. A seguir, são descritas suas divisões.

NERVOS NASAIS: Os ramos nasais posteriores superiores penetram na cavidade nasal pelo forame esfenopalatino e inervam a parte superior da faringe e a parede lateral do nariz. Um de seus ramos é o nervo nasopalatino, que tem direção inferior e anterior, percorre o septo nasal desde o teto da cavidade nasal até atravessar o canal incisivo e se exterioriza na cavidade bucal. É responsável pela inervação do periósteo e da mucosa da região anterior do palato duro, de canino a canino, além da mucosa da região anterior do septo nasal (Figs. 5.24 e 5.25).

NERVOS ORBITAIS: Atravessam a fissura orbital inferior e alcançam a cavidade orbital. Inervam parte da órbita e o seio esfenoidal.

NERVO PALATINO: É formado por fibras que penetram no canal palatino maior e dividem-se em três ramos, os nasais posteroinferiores, que inervam o septo nasal e a porção posterior da cavidade nasal, e os nervos palatinos maior e menor. O nervo palatino maior atravessa o forame palatino maior e inerva o periósteo e a mucosa do palato duro, com exceção da região anterior. Os nervos palatinos menores atravessam os forames palatinos menores que inervam a mucosa e as glândulas do palato mole (ver Fig. 5.25).

NERVO ZIGOMÁTICO: Sai da fossa pterigopalatina pela fissura orbital inferior e pela parede lateral da órbita. Antes de atravessar o forame zigomático-orbital e alcançar o osso zigomático, emite um ramo comunicante do nervo lacrimal com fibras parassimpáticas para a glândula lacrimal. Dentro do osso zigomático, divide-se nos ramos zigomaticotemporal e zigomaticofacial, que inervam a pele da têmpora (após atravessar o músculo temporal e sua fáscia) e a pele que recobre o osso zigomático.

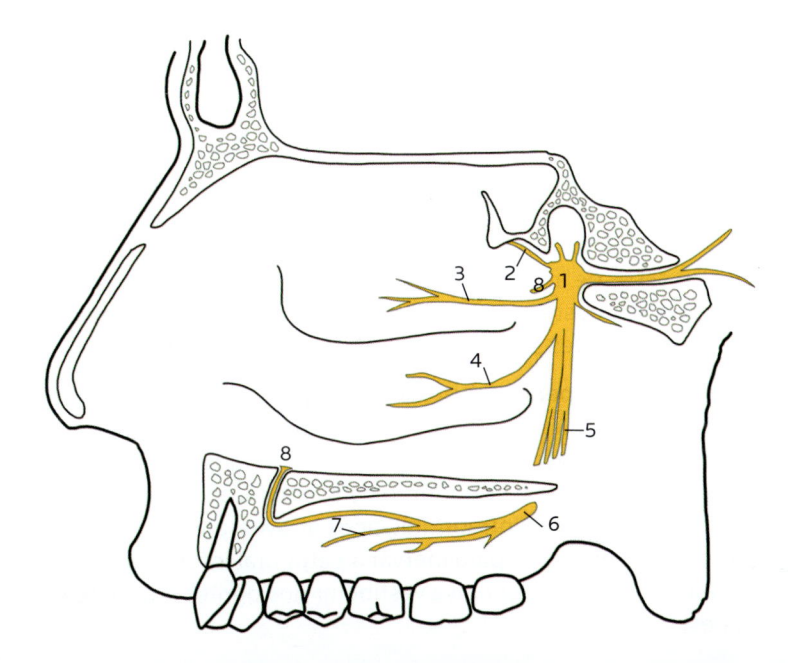

1. Gânglio pterigopalatino
2. Nervo nasal
3. Ramo posteriolateral do nervo palatino
4. Ramo nasal lateral do nervo palatino
5. Nervos palatinos
6. Nervo palatino menor
7. Nervo palatino maior
8. Nervo nasopalatino

Figura 5.24 – Vista medial da maxila com destaque para os nervos nasais e palatinos.

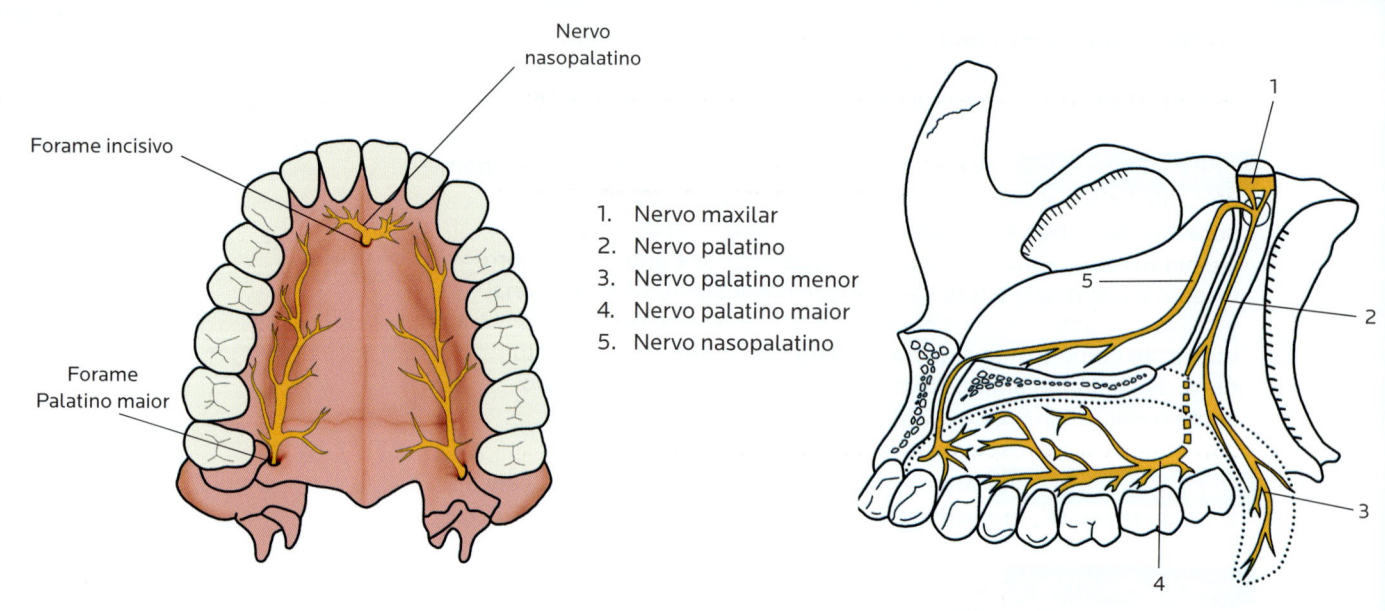

Figura 5.25 – Vista inferior do palato duro e vista medial da cavidade nasal com o septo nasal, indicando o nervo nasopalatino.

1. Nervo maxilar
2. Nervo palatino
3. Nervo palatino menor
4. Nervo palatino maior
5. Nervo nasopalatino

Ainda na fossa pteriogopalatina, antes de atravessar a fissura orbital inferior, o nervo maxilar dá origem aos nervos alveolares superiores posteriores. São dois ou três pequenos ramos que penetram por pequenos forames alveolares na tuberosidade da maxila e continuam por canais delgados localizados na parede do seio maxilar, até inervar os dentes molares superiores, o periodonto de sustentação e a porção posterior do seio maxilar. Alguns filetes nervosos não têm trajeto intraósseo e são denominados ramos gengivais, pois inervam a gengiva vestibular dos molares superiores.

O **nervo infraorbital** (Fig. 5.23) é a continuação do nervo maxilar, que passa a ser assim denominado após atravessar a fissura orbital inferior. Percorre todo o soalho da órbita acompanhado pela artéria e pela veia infraorbitais, até saírem da maxila pelo forame infraorbital. Durante seu trajeto, o nervo fornece os ramos alveolares superiores médios e alveolares superiores anteriores.

Os **nervos alveolares superiores médios** (Fig. 5.23) inervam os dentes e o periodonto dos pré-molares superiores e, eventualmente, a raiz mesiovestibular do primeiro molar superior. Uma variação anatômica é a presença desse nervo, que é encontrado em cerca de 70% dos indivíduos. Nos casos de ausência desse nervo, as fibras dos nervos alveolares superiores posteriores e anteriores formam um plexo nervoso que inerva todos os dentes superiores e seus tecidos de suporte.

Os **nervos alveolares superiores anteriores** (Fig. 5.23) deixam o nervo infraorbital e percorrem um trajeto intraósseo junto à parede anterior do seio maxilar para inervar os dentes incisivos e caninos superiores do mesmo lado, bem como o periodonto de sustentação. Finalmente, os ramos terminais do nervo infraorbital, após atravessarem o forame infraorbital, emitem os ramos para inervar a palpebral inferior, a asa do nariz, o lábio superior e a gengiva vestibular dos dentes anteriores e pré-molares.

Anestesia dos ramos do nervo maxilar

As anestesias em odontologia podem ser **locais**, também conhecidas como terminais infiltrativas (com abrangência restrita); **bloqueio regional** (mais extensa, pois envolve mais ramos de um nervo), com área de atuação ampliada; e **bloqueio do nervo** ou **troncular** (cuja abrangência é maior que a anterior, pois atinge o tronco nervoso, permitindo a atuação do dentista em local mais distante da anestesia).

Nos dentes superiores, as anestesias locais são as mais comuns. São de fácil execução, pouco traumáticas e têm altos índices de sucesso. Os nervos alveolares superiores posteriores, médios e anteriores constituem o plexo dental superior, pois inervam todos os dentes superiores e seus respectivos tecidos de suporte (osso alveolar, periodonto e gengiva).

A anestesia de qualquer ramo desses nervos consiste na injeção de líquido anestésico que irá banhá-los, interrompendo de forma reversível a condução do estímulo nervoso e, assim, impedindo a sensação de dor. A injeção do anestésico é feita entre a mucosa e o periósteo, e sua difusão alcança o osso subjacente. Como a lâmina alveolar (vestibular) é fina e porosa, o líquido infiltra-se com relativa facilidade e atinge os nervos do plexo alveolar, que são intraósseos.

> **ATENÇÃO**
> Todo procedimento anestésico deve ser realizado com a injeção lenta e gradual do líquido, de tal forma que não ocorra tensão nos tecidos profundos, o que causa dor.

> **LEMBRETE**
> O conhecimento da anatomia da maxila pode evitar falhas na execução das técnicas anestésicas, como a anestesia dos nervos alveolares superiores posteriores.

TÉCNICA: Nesse tipo de procedimento, a punção da agulha deve ser feita um pouco abaixo do nível do ápice dos dentes, onde o osso é mais delgado e a submucosa não é tão frouxa, evitando a expansão do líquido. Desse modo, a anestesia tanto pela face vestibular quanto pela lingual é eficaz para anestesiar os dentes e os respectivos tecidos de suporte.

⚡ Em decorrência da convexidade da tuberosidade da maxila, caso o dentista não realize a inclinação correta da agulha, essa pode atingir o ramo gengival da artéria alveolar superior posterior, que corre na tuberosidade, provocando sangramento e hematoma na bochecha. Outro acidente que também pode provocar hematoma na face é a penetração excessiva da agulha nesse local, até atingir veias do plexo pterigóideo que estão localizadas acima e atrás da tuberosidade da maxila.

NÃO FAÇA: Por causa da densidade dos tecidos no palato duro e da íntima relação e aderência do mucoperiósteo com os ossos do palato, as infiltrações locais e os bloqueios devem ser feitos com o depósito lento do anestésico e em volumes mínimos. Outro local que merece cuidado por ser muito sensível é o nervo nasopalatino, que é recoberto pela papila incisiva. Para minimizar desconforto ao paciente, deve-se introduzir a agulha de forma lenta e tangente à papila incisiva.

> **ATENÇÃO**
> A injeção rápida e excessiva de líquido anestésico no palato duro pode provocar necrose e isquemia prolongada da área injetada.

Nervo mandibular (Fig. 5.26)

O terceiro ramo do nervo trigêmeo é misto, com predomínio de fibras sensitivas sobre as motoras. É possível identificar a porção motora do nervo junto à sua origem aparente, abaixo do gânglio trigeminal, mas, depois que o nervo mandibular sai da cavidade craniana pelo forame oval, não há mais distinção entre as fibras sensitivas e motoras.

Seus ramos são extracranianos, e os primeiros são motores, denominados de acordo com os músculos a que se destinam.

Logo que sai do tronco do nervo mandibular, o **nervo massetérico** se estende entre a face infratemporal do músculo esfenoide e o músculo pterigóideo lateral. Segue para lateral e ultrapassa a incisura da mandíbula para inervar pela face medial o músculo masseter. No trajeto, cede pequenos ramos nervosos sensitivos para a cápsula da articulação temporomandibular.

Após percorrer o mesmo trajeto que o nervo massetérico até a crista temporal e atravessar o músculo pterigóideo lateral, os nervos temporal profundo anterior e temporal profundo posterior inervam as fibras profundas da porção anterior e posterior do músculo temporal, respectivamente. Também emitem ramos para a inervação da cápsula da articulação temporomandibular.

1. Nervo mandibular
2. Nervo bucal
3. Nervo pterigoide lateral
4. Nervo milo-hióideo
5. Nervo alveolar inferior
6. Nervo auriculotemporal
7. Nervo temporal profundo anterior
8. Nervo temporal profundo posterior
9. Nervo pterigoide medial
10. Nervo lingual

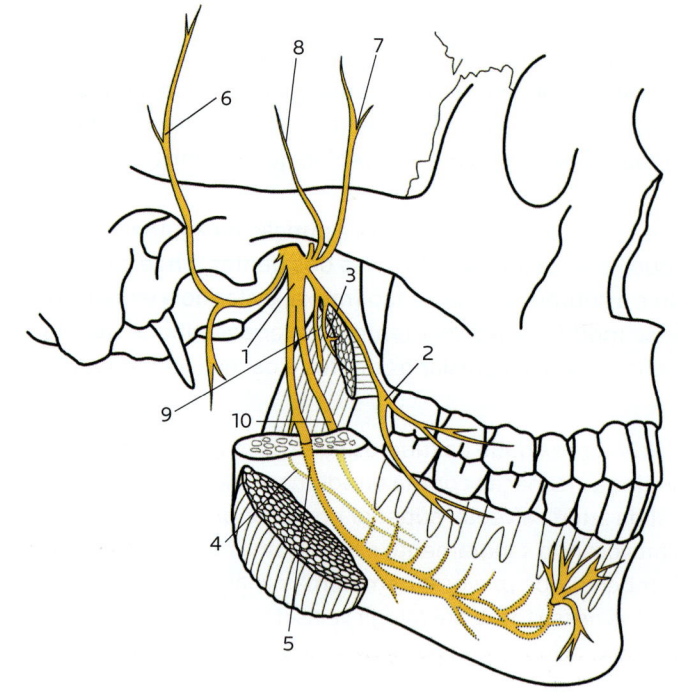

Figura 5.26 – Distribuição dos principais ramos do nervo mandibular.

Junto com o nervo bucal (sensitivo), parte o pequeno nervo pterigóideo lateral (motor), que inerva o músculo de mesmo nome. O nervo pterigóideo medial, que também é motor, inerva os músculos tensor do véu palatino e tensor do tímpano com dois ramos distintos, depois penetra pela borda posterior do músculo pterigóideo medial para inervá-lo. Esses três nervos têm trajeto muito próximo ou através do gânglio ótico, que está localizado na face medial do nervo mandibular. Esse gânglio possui fibras parassimpáticas ligadas topograficamente ao nervo glossofaríngeo.

Fibras pós-ganglionares provenientes do gânglio ótico acompanham o trajeto do nervo auriculotemporal até ele inervar a glândula parótida. Outras fibras secretomotoras acompanham os nervos alveolar inferior e bucal e seguem para inervar as glândulas bucais e labiais (Fig. 5.27).

As raízes do **nervo auriculotemporal** (ver Fig. 5.26) nascem geralmente junto ao forame oval, e seus ramos temporal superficial, auricular anterior e parotídeos são responsáveis por oferecer sensibilidade à região temporal, à parte superior do pavilhão da orelha, à ATM, ao meato acústico externo, à membrana do tímpano e à glândula parótida. Os ramos do nervo auriculotemporal alcançam a região temporal juntamente com a artéria temporal superficial, e seu tronco localiza-se atrás da articulação temporomandibular, entre a artéria e a veia temporal superficial. Por essa razão, alguns filetes do nervo auriculotemporal inervam as porções medial, lateral e posterior da cápsula da articulação temporomandibular.

LEMBRETE

A glândula parótida é inervada pelas fibras pós-ganglionares parassimpáticas secretomotoras do gânglio ótico e pertencentes ao nervo glossofaríngeo. Não há relação funcional entre o nervo trigêmeo e a secreção da glândula parótida, pois o nervo auriculotemporal somente transporta as fibras do nervo glossofaríngeo.

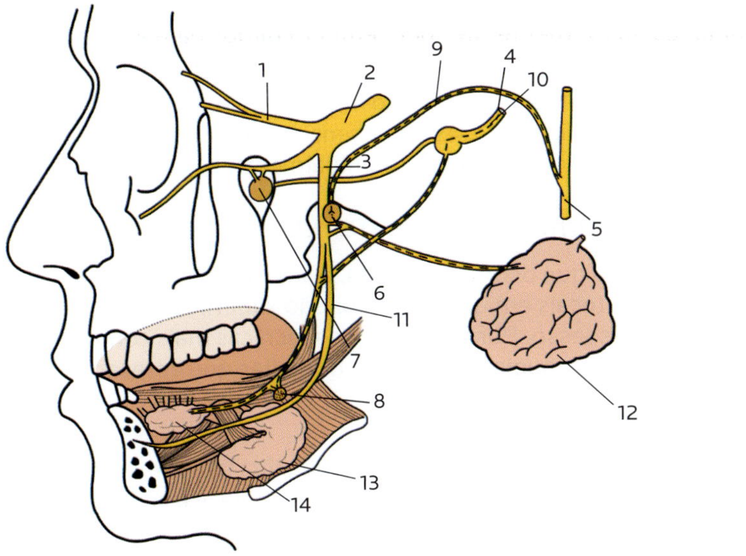

1. Nervo oftálmico
2. Nervo trigêmeo (V)
3. Nervo mandibular
4. Nervo facial (VII)
5. Nervo glossofaríngeo (IX)
6. Gânglio ótico
7. Gânglio pterigopalatino
8. Gânglio submandibular
9. Nervo auriculotemporal (pontilhado)
10. Nervo corda do tímpano (pontilhado)
11. Nervo lingual
12. Glândula parótida
13. Glândula submandibular
14. Glândula sublingual

Figura 5.27 – Inervação parassimpática da glândula parótida (nervo auriculotemporal), submandibular e sublingual (nervo corda do tímpano). As linhas pontilhadas representam as fibras pré-ganglionares e pós-ganglionares.

O **nervo bucal** (Fig. 5.28) é outro ramo do nervo mandibular, porém sensitivo, que desce junto à face medial do ramo da mandíbula, próximo ao tendão do músculo temporal na base do processo coronoide. Esse nervo inerva a mucosa da bochecha e, depois de atravessar o músculo bucinador pela face medial sem inervá-lo, alcança a pele da bochecha e a gengiva vestibular dos dentes molares inferiores, podendo atingir a região de pré-molares.

O **nervo lingual** (ver Fig. 5.27) tem trajeto descendente e passa arqueado entre os músculos pterigóideos medial e lateral, para então dirigir-se à face medial do ramo da mandíbula. O nervo lingual apenas transporta fibras do nervo corda do tímpano, que, por sua vez, recebe fibras sensitivas do nervo facial intermédio. Estas inervam os botões gustativos da língua e suas fibras secretomotoras (parassimpáticas), as quais passam pelo gânglio submandibular inervando as glândulas submandibular e sublingual.

Próximo ao terceiro molar inferior, o nervo lingual emite ramos para inervar a mucosa da região sublingual e a gengiva lingual de todos os dentes inferiores. Depois disso, ele se aprofunda, contorna inferiormente o ducto da glândula submandibular e divide-se em ramos linguais que inervam os dois terços anteriores da língua.

O **nervo alveolar inferior** (ver Fig. 5.28) desce mais posterior e lateralmente em relação do nervo lingual, penetra na mandíbula pelo forame da mandíbula e, enquanto percorre o canal da mandíbula, acompanhado pela artéria alveolar inferior e pela veia alveolar inferior, capta a sensibilidade da polpa dos dentes inferiores, das papilas interdentais, do periodonto e dos tecidos adjacentes aos dentes. Na altura dos pré-molares, emite um ramo que sai do canal mandibular pelo forame mentual, o nervo mentual, que dá sensibilidade à mucosa e à gengiva vestibular dos dentes anteriores, à pele do mento e à pele e à mucosa do lábio inferior. Após essa divisão, o nervo alveolar inferior continua seu trajeto no interior do canal da mandíbula até alcançar os dentes incisivos e tecidos de suporte.

Além das fibras sensitivas, há também fibras motoras no interior do nervo alveolar inferior. Essas fibras motoras formam o **nervo milo-hióideo**, que se separa do nervo alveolar inferior pouco acima do forame da mandíbula, percorre o sulco milo-hióideo e inerva o músculo milo-hióideo e o ventre anterior do músculo digástrico. As fibras sensitivas desse nervo alcançam a pele da porção inferior do mento e, eventualmente, os dentes incisivos.

Anestesia dos ramos do nervo mandibular

Diferentemente do que ocorre na maxila, a anestesia na mandíbula deve ser feita nos locais em que os nervos são superficiais, pois o osso da mandíbula é espesso. Por essa razão, as técnicas mais comuns para a mandíbula são o bloqueio regional e o troncular, que apresentam maior abrangência.

TÉCNICA: A agulha deve ser sempre introduzida lateralmente à prega pterigomandibular, entre ela e o ramo da mandíbula, e a seringa deve estar posicionada sobre os pré-molares inferiores do lado oposto ao da entrada da agulha. Assim, é possível depositar o líquido anestésico no nervo lingual e, mais profundamente, no nervo alveolar inferior. Tal procedimento possibilita qualquer intervenção nos dentes inferiores do lado anestesiado, já que o nervo lingual e o alveolar inferior inervam respectivamente o soalho da boca, dois terços anteriores da língua e a gengiva lingual dos dentes inferiores de uma hemiarcada.

Essa técnica anestésica é feita com o paciente com a boca aberta, pois o nervo alveolar inferior fica distendido, o que favorece as anestesias tronculares, uma vez que, ao fechar a boca, uma superfície maior do nervo entra em contato com a solução anestésica.

Por estar muito próximo da lâmina óssea medial do processo alveolar, próximo ao terceiro molar inferior, o nervo lingual pode ser lesado em manobras cirúrgicas na extração desse dente, principalmente quando estiver incluso. As lesões do nervo lingual podem provocar perda da sensibilidade dos dois terços anteriores da língua, perda da sensibilidade gustativa dessa região e diminuição da secreção salivar do mesmo lado afetado.

TÉCNICA: Para a anestesia do nervo bucal, a punção da agulha no fórnice do vestíbulo, junto à linha oblíqua milo-hióidea, resultará na perda de sensibilidade da gengiva vestibular dos dentes inferiores até pré-molares. Se houver necessidade de intervenção na face, gengiva vestibular de canino a incisivos inferiores, mucosa e pele do mento, a anestesia pode ser feita no forame mentual, pois é onde o nervo mentual passa. Na anestesia realizada nesse local, embora

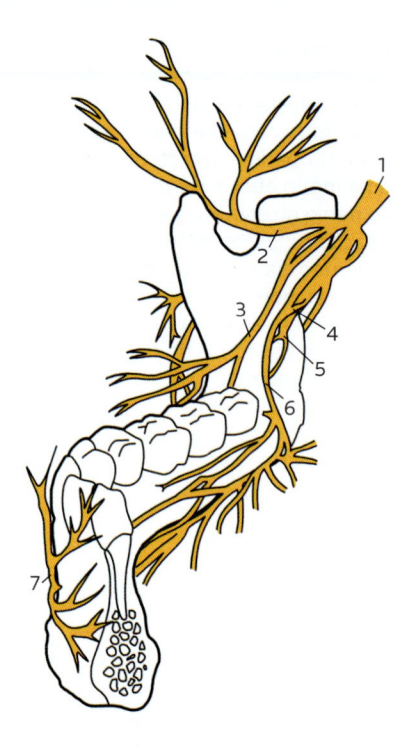

1. Nervo mandibular
2. Nervo temporal
3. Nervo bucal
4. Nervo alveolar inferior
5. Nervo milo-hióideo
6. Nervo lingual
7. Nervo mentoniano

Figura 5.28 – Representação esquemática dos principais ramos do nervo mandibular.

não apresente ponto de apoio para a seringa, deve ser usada como referência uma prega lateral, que está localizada à frente da entrada do forame, auxiliando na técnica de punção desse nervo.

Anestesias em crianças

As técnicas anestésicas nas crianças são basicamente as mesmas usadas em adultos, exceto por algumas modificações decorrentes, obviamente, das dimensões reduzidas das estruturas. As corticais ósseas alveolares são mais delgadas, mesmo na mandíbula, favorecendo as anestesias locais, já que essa característica porosa do osso favorece a dissipação do líquido anestésico.

Por causa da presença de criptas alveolares, deve ser evitado o contato da agulha na região da tuberosidade da maxila, para evitar traumas aos germes dentários dos molares permanentes, que são recobertos por uma fina lâmina óssea. O mesmo pode ser dito em relação à anestesia do nervo nasopalatino; neste caso, porém, o cuidado é com o germe dos incisivos permanentes.

O Quadro 5.1 apresenta um resumo da inervação dos dentes e de seus tecidos de suporte.

LEMBRETE

O forame da mandíbula está em um plano inferior ao plano oclusal, em virtude de o crescimento da mandíbula não ter sido concluído. Isso exige mais atenção do dentista na realização da técnica de bloqueio do nervo alveolar inferior.

QUADRO 5.1 – RESUMO DA INERVAÇÃO DOS DENTES E DE SEUS TECIDOS DE SUPORTE

Incisivos superiores	Ramos dentais dos nervos alveolares superiores anteriores do nervo infraorbital. Os tecidos de suporte (periodonto, gengiva e osso alveolar) são inervados pelos alveolares superiores anteriores, pelo ramo labial do nervo infraorbital e pelo nervo nasopalatino
Incisivos inferiores	Nervo alveolar inferior. Os tecidos de suporte são também supridos pelo nervo lingual e pelo nervo mentual
Canino superior	Nervos alveolares superiores anteriores, que são ramos do nervo infraorbital. Os tecidos de suporte são supridos pelos mesmos nervos e ainda pelo ramo labial do nervo infraorbital e pelo nervo nasopalatino
Canino inferior	Nervo alveolar inferior. Os tecidos de suporte são supridos pelo mesmo nervo e também pelos nervos lingual e mentual
Pré-molares superiores	Nervo alveolar superior médio, que se junta ao plexo alveolar superior e que é ramo do nervo infraorbital. Os tecidos de suporte são supridos pelo mesmo nervo alveolar superior médio e pelos nervos infraorbital e palatino maior
Pré-molares inferiores	Nervo alveolar inferior. Os tecidos de suporte são supridos pelo mesmo nervo, além dos nervos lingual e mentual
Molares superiores	Nervos alveolares superiores posteriores, ramos do nervo maxilar. A raiz mesiovestibular do primeiro molar também é suprida pelo nervo alveolar superior médio. Os tecidos de suporte são supridos pelo nervo palatino maior, pelo ramo gengival dos alveolares superiores posteriores e, às vezes, pelo nervo bucal
Molares inferiores	Nervo alveolar inferior. Os tecidos de suporte são supridos por este mesmo nervo, além dos nervos bucal e lingual

6

Sistema circulatório

PAULO HENRIQUE FERREIRA CARIA
MIGUEL CARLOS MADEIRA

O sistema circulatório é constituído por um órgão central, premente ou impulsionador, o coração, e pelos vasos sanguíneos e linfáticos. O sangue percorre os vasos sanguíneos e dirige-se a todas as partes do corpo, para supri-las com oxigênio, nutrientes, água, vitaminas, hormônios, sais inorgânicos, produtos metabolizados e elementos imunológicos. Depois desse abastecimento, é recolhido ao próprio coração, passa pelos pulmões e repete sucessivamente o mesmo ciclo.

O sangue transporta também produtos resultantes do catabolismo celular em direção a órgãos excretores, como os rins, para serem eliminados. A linfa origina-se do sangue e permanece por um tempo como líquido intercelular no espaço intersticial (entre células e fibras) – depois é captada por capilares linfáticos que se continuam como vasos maiores que a devolvem para o sangue.

OBJETIVOS DE APRENDIZAGEM

- Conceituar e identificar as partes do sistema circulatório.
- Reconhecer os elementos constituintes do sistema circulatório
- Identificar as cavidades do coração e o trajeto do sangue no seu interior
- Conhecer o caminho percorrido pelo sangue no corpo todo

CORAÇÃO

O coração é um órgão cônico invertido com a base voltada para cima e o ápice para baixo. Seu longo eixo não é vertical, mas inclinado de cima para baixo e da direita para a esquerda. O espaço ocupado pelo coração, acima do diafragma, atrás do esterno e à frente da coluna vertebral, tem o nome de **mediastino**. O órgão é envolvido por um espesso pericárdio fibroso, semelhante a um saco, áspero por fora e liso por dentro. Seu **pericárdio seroso**, também chamado epicárdio, reveste-o externamente, bem aderido a ele. Entre um e outro há uma cavidade pericárdica com líquido e tecido adiposo preso ao pericárdio seroso.

A ampla vista anterior do coração é formada pela sua face esternocostal e pela superfície entre a base e o ápice, que fica em contato com o músculo diafragma, a face diafragmática. As superfícies em contato com os pulmões são as faces pulmonares direita e esquerda.

Todas essas faces podem ser vistas em um órgão removido do corpo. O coração, assim isolado, permite uma análise apropriada de toda a sua superfície externa (Fig. 6.1). A análise deve incluir o início das artérias coronárias direita e esquerda e toda sua extensão e ramificação por sobre o epicárdio. Em algumas preparações, o epicárdio é completamente removido para se ver as direções das fibras do miocárdio, o músculo cardíaco. O miocárdio próximo à base (ao nível dos dois átrios) é muito delgado, representado por um constituinte muscular irregular, com relevos em forma de colunas, a que se deu o nome de músculos pectíneos. Suas extensões cavitárias, as aurículas, podem ser reconhecidas visualmente, associadas a ambos os átrios. Próximos ao ápice, os ventrículos direito e esquerdo são envolvidos por paredes robustas do miocárdio.

1. Artéria coronária esquerda
2. Artéria coronária direita
3. Ventrículo direito
4. Ventrículo esquerdo
5. Átrio direito
6. Átrio esquerdo
7. Artéria aorta
8. Tronco pulmonar (artéria)
9. Veia cava superior
10. Veia cava inferior

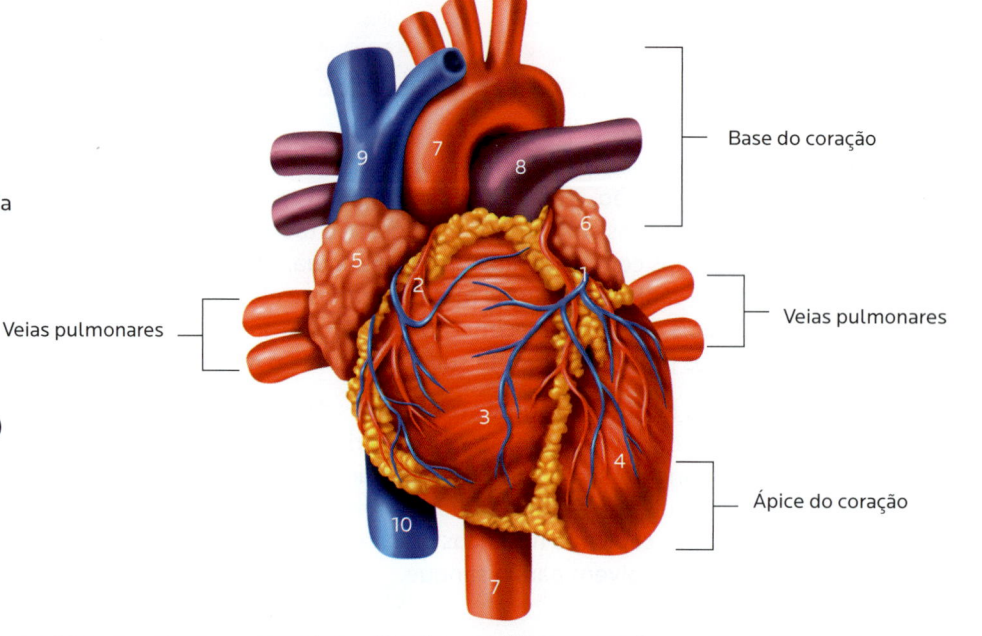

Figura 6.1 – Coração (vista anterior)

Átrios
Câmaras de recepção do sangue.

Ventrículos
Câmaras de propulsão (expulsam o sangue do interior do coração).

LEMBRETE
A valva atrioventricular direita por apresentar três válvulas, é denominada tricúspide; a esquerda é bicúspide, também conhecida como mitral.

Átrios e ventrículos são as quatro câmaras desse órgão cavitário, todas elas revestidas por uma membrana impermeável, o **endocárdio**. Pelo **átrio** e ventrículo direito passa sangue venoso, e pelo **átrio** e ventrículo esquerdo passa sangue arterial. A separação dessas câmaras é feita por septos (interatrial, interventricular e atrioventriculares). O septo interatrial separa os átrios entre si, e os ventrículos são separados pelo septo interventricular. A Figura 6.2 apresenta um coração aberto, no qual é possível reconhecer as câmaras e os septos mencionados, suas espessuras, e também o septo atrioventricular, que separa átrios de ventrículos.

As aberturas que colocam em comunicação o átrio com o ventrículo do mesmo lado são os óstios **atrioventriculares** direito e esquerdo. São circundados por anéis fibrosos que servem de suporte ou ponto de ancoragem para o miocárdio e as valvas. Guarnecendo esses óstios aparecem as valvas atrioventriculares, formadas por dobras do endocárdio.

Anatomia geral e odontológica

1. Valva atrioventricular direita (tricúspide)
2. Valva atrioventricular esquerda (bicúspide)
3. Cordas tendíneas
4. Átrio direito
5. Átrio esquerdo
6. Ventrículo direito
7. Ventrículo esquerdo
8. Tronco pulmonar (artéria)
9. Artéria aorta
10. Veia cava superior
11. Veia cava inferior
12. Veias pulmonares
13. Septo interventricular
14. Valva do tronco pulmonar
15. Valva da aorta
16. Músculos papilares

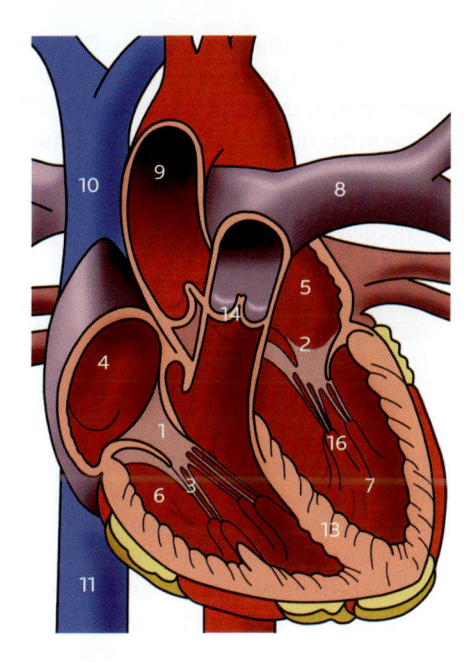

Figura 6.2 – Átrios e ventrículos (corte frontal do coração).

A **valva**, assim chamada no conjunto ou no coletivo, é constituída de válvulas, ou cúspides, assim denominadas, individualmente, no diminutivo. A valva atrioventricular direita tem três válvulas, e a esquerda, duas. O sangue flui do átrio para o ventrículo e continua seu caminho sem retornar ao átrio. É a valva atrioventricular que providencia o fechamento da passagem para evitar o retorno do sangue.

Como a força da contração ventricular é muito grande, seria de se imaginar que a pressão do sangue poderia deslocar as válvulas para cima (em direção ao átrio), forçando assim um retorno ou refluxo. Isso não acontece porque as válvulas se deslocam até o ponto de fechamento e não passam desse ponto, visto que suas bordas são presas a cordas tendíneas que se distendem por ação muscular e as seguram, mantendo-as na posição de fechamento. A outra extremidade de cada corda tendínea é ligada a projeções musculares cônicas do miocárdio do ventrículo, conhecidas por músculos papilares. Além dessas projeções musculares, outras irregularidades aparecem na superfície interna do miocárdio no ventrículo: as trabéculas cárneas, com aspecto de dobras e pontes.

1. Nó sinoatrial
2. Nó atriventricular
3. Fascículo atrioventricular

A presença das valvas força o sangue a seguir um único caminho a partir dos ventrículos. Do lado direito, ele alcança o óstio do tronco pulmonar, próximo ao septo interventricular, que dá acesso ao tronco pulmonar. Esse óstio é provido pela valva do tronco pulmonar, que tem a mesma função das anteriores, a de evitar refluxo. O mesmo ocorre com o ventrículo esquerdo, que escoa o líquido em direção ao óstio da aorta, também guarnecido por uma valva de três válvulas, a valva da aorta, onde começa a **artéria aorta**.

Ambos os óstios arteriais são providos de valvas com três válvulas semilunares, que evitam o refluxo do sangue para os ventrículos.

Os impulsos gerados por células musculares cardíacas especializadas e a condução desses impulsos por células semelhantes constituem o **sistema condutor do coração** (Fig. 6.3),

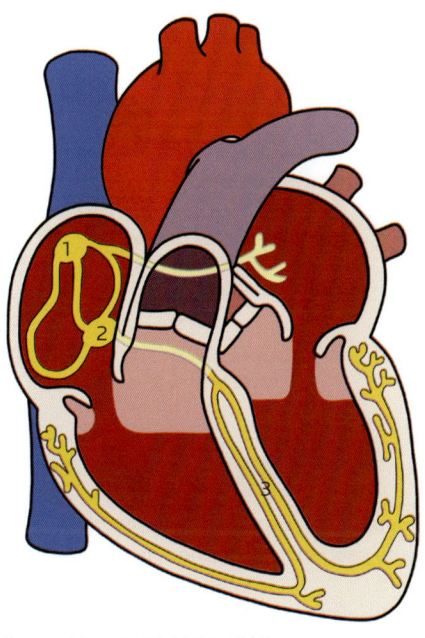

Figura 6.3 - Coração - Sistema de condução (vista interna).

que promove suas contrações. O coordenador desse sistema é o **nó sinoatrial**, que inicia o batimento cardíaco no átrio direito, como um marca-passo do coração. Os impulsos se propagam pelos átrios e alcançam o **nó atrioventricular. A partir desse ponto,** um feixe de fibras musculares especializadas, o fascículo atrioventricular, divide-se em dois ramos que acompanham o septo interventricular em direção ao ápice e depois à musculatura dos ventrículos.

CIRCULAÇÃO DO SANGUE

A circulação sistêmica (grande circulação) e a circulação pulmonar (pequena circulação) começam, nesta descrição, pela expulsão do sangue do ventrículo esquerdo através da artéria aorta (Fig. 6.4). Esta se ramifica sucessivamente em artérias de menor calibre até se tornarem arteríolas, a partir das quais são formadas as redes capilares. Os capilares têm apenas uma camada formadora, o endotélio, de células espaçadas que permitem trocas metabólicas entre o sangue e os tecidos.

1. Circulação sistêmica (grande circulação) membros superiores e cabeça
2. Circulação pulmonar (pequena circulação) coração – pulmões – coração
3. Circulação sistêmica (grande circulação) membros inferiores

Saindo com velocidade, o sangue sobe facilmente pela aorta ascendente e logo acompanha o arco da aorta, para então começar a descer pela aorta descendente e irrigar a maior parte do corpo. É do arco da aorta que partem os seus ramos para a cabeça e também para o membro superior e pescoço. A artéria carótida comum sobe pelo pescoço e bifurca-se em artérias carótidas interna e externa. A interna penetra na cavidade do crânio pelo canal carótico e lá se divide em artérias que vascularizam o encéfalo e o olho. A artéria carótida externa será descrita mais adiante neste capítulo.

A drenagem de todo o sangue venoso do corpo é feita pelas muitas veias convergentes, que vão se unindo umas às outras para formar veias cada vez maiores. O sangue da extremidade venosa dos capilares vai confluindo para as vênulas e destas para as raízes venosas, para veias de calibre médio e depois para troncos venosos, sendo que os dois maiores são a **veia cava superior** e a **veia cava inferior**. A veia cava superior drena o sangue da cabeça, do pescoço, do membro superior e do tórax, e a cava inferior drena as partes restantes do corpo. As válvulas venosas impedem o retorno do sangue, auxiliando sua progressão em direção ao coração.

As veias cavas perfuram o átrio direito em dois locais diferentes. Ajustam-se a dois óstios, um superior e outro inferior, para cada uma dessas veias. No momento em que o sangue penetra no átrio, os ventrículos já terminaram sua contração (sístole) e relaxam-se. As valvas da aorta e do tronco pulmonar se fecham, e as valvas atrioventriculares se abrem para a passagem do sangue dos átrios para os ventrículos (diástole). A seguir, é a vez dos ventrículos se contraírem. Eles se esvaziam, impulsionando o sangue para o tronco pulmonar e para a artéria aorta. Não há refluxo para os átrios porque as passagens estão fechadas pelas valvas atrioventriculares.

A circulação pulmonar começa levando o sangue do ventrículo direito para os pulmões pelo tronco pulmonar, que se divide em duas artérias

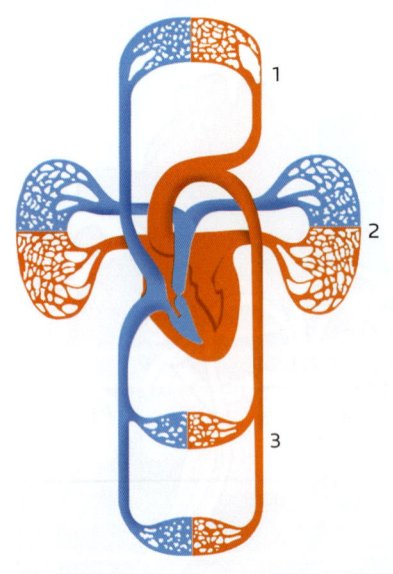

Figura 6.4 – Esquema representativo da pequena e da grande circulação.

pulmonares para penetrar nos pulmões direito e esquerdo. Lá, seguem o trajeto dos brônquios e, como eles, vão se ramificando repetidamente em ramos menos calibrosos até chegar à condição de arteríolas, que desembocam em uma rede capilar que envolve os sáculos alveolares.

Uma vez oxigenado, o sangue retorna por vênulas e depois por pequenas veias que vão aos poucos ganhando calibre até deixarem cada pulmão, atravessando o hilo, por meio de duas veias pulmonares. As quatro veias pulmonares injetam o sangue arterial no átrio esquerdo durante uma diástole. Neste ponto, tudo se repete: ventrículo esquerdo, sístole, aorta, circulação sistêmica.

ARTÉRIAS DA FACE

A artéria carótida externa estende-se de sua origem até o colo da mandíbula, de onde emite seus dois ramos terminais, a artéria temporal superficial e a maxilar. Em seu trajeto, cursa o interior da glândula parótida, paralelamente à veia retromandibular e transversalmente ao nervo facial. A Figura 6.5 ilustra as artérias da face e do pescoço e, a seguir, são descritos seus ramos, na ordem em que se originam.

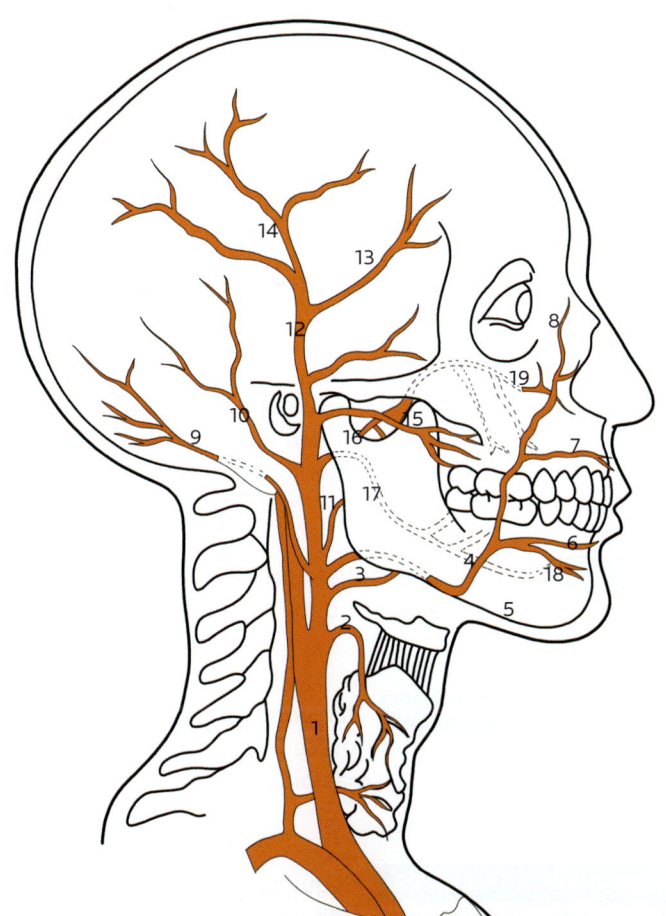

1. Artéria carótida externa
2. Artéria tireoidea superior
3. Artéria lingual
4. Artéria facial
5. Artéria submentoniana
6. Artéria labial inferior
7. Artéria labial superior
8. Artéria angular
9. Artéria occipital
10. Artéria auricular posterior
11. Artéria faríngea ascendente
12. Artéria temporal superficial
13. Ramo frontal da artéria temporal superficial
14. Ramo parietal da artéria temporal superficial
15. Artéria facial transversa.
16. Artéria maxilar
17. Artéria alveolar inferior
18. Artéria mentoniana
19. Artéria infraorbital

Figura 6.5 – Artérias da face e do pescoço.

ARTÉRIA TIREÓIDEA SUPERIOR: Ramifica-se na glândula tireoide e na laringe.

ARTÉRIA LINGUAL: É emitida no nível do osso hioide e corre em direção à língua, junto à superfície lateral do músculo genioglosso e à superfície medial do músculo hioglosso, recoberta por ele. Ao invadir a língua, percorre-a sinuosamente até o ápice, onde termina como artéria profunda da língua. Seus ramos dorsais distribuem-se no terço posterior da língua, e a artéria sublingual, em toda a região sublingual (Fig. 6.6).

ARTÉRIA FACIAL: Com início no nível do ângulo da mandíbula, dirige-se para cima e para a frente, cruzando profundamente a glândula submandibular e lançando para ela os ramos glandulares e, para o palato mole, a artéria palatina ascendente. Continuando seu trajeto, cruza a base da mandíbula, local onde emite a artéria submentual, que segue para a frente, acompanhando a base da mandíbula até o mento, o músculo milo-hióideo e o ventre anterior do músculo digástrico. Ao chegar à superfície da face, percorre-a obliquamente até o ângulo medial do olho, com suas sinuosidades/ tortuosidades típicas. Seu trecho mais superficial corresponde ao corpo da mandíbula, no chamado espaço coletor, logo à frente do masseter.

1. Artéria profunda da língua
2. Artéria e veia dorsais da língua
3. Veia sublingual
4. Veia profunda da língua

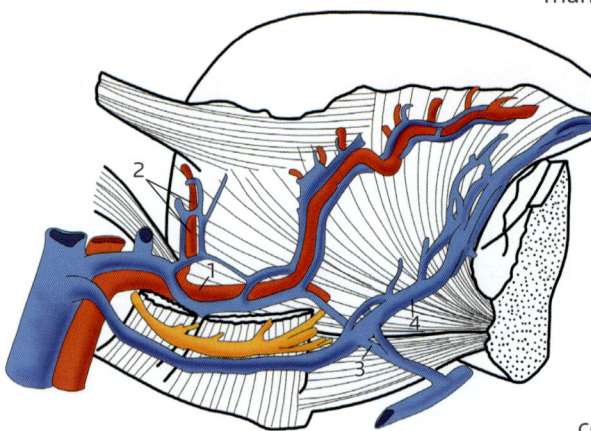

Figura 6.6 – Artérias e veias da língua.

A artéria facial é mais profunda quando passa entre os músculos zigomático maior e bucinador, ao lado do ângulo da boca. Dois ramos grandes nascem de facial neste ponto: a artéria labial inferior e a artéria labial superior, cada qual acompanhando a margem livre do respectivo lábio, entre o músculo orbicular da boca e a mucosa do lábio.

Cada artéria labial entra em **anastomose** com sua homônima do lado oposto, de tal modo que circundam toda a rima da boca. Uma segunda artéria do lábio inferior, inconstante, pode estar presente logo abaixo da artéria labial inferior – é a artéria sublabial. Depois de acompanhar o sulco nasolabial e gerar o ramo lateral do nariz para a asa do nariz, a artéria facial termina como artéria angular, seu ramo terminal, mas entra em anastomose com um ramo da artéria carótida interna, proveniente da órbita.

ARTÉRIA OCCIPITAL: Dirige-se, em trajeto profundo sob o ventre posterior do digástrico, à região occipital, onde se ramifica no couro cabeludo dessa região.

ARTÉRIA AURICULAR POSTERIOR: Sua porção distal distribui-se nas proximidades da mesma área que a precedente. Ao passar entre o meato acústico externo e o processo mastoide, gera os ramos auricular e parotídeo.

ARTÉRIA FARÍNGEA ASCENDENTE: Pequeno ramo que irriga a faringe ao subir ao lado dela até a base do crânio.

ARTÉRIA TEMPORAL SUPERFICIAL: Desprende-se da carótida externa no nível do colo da mandíbula e passa entre a ATM e o meato acústico externo, acompanhada do nervo auriculotemporal e da veia temporal superficial (neste ponto ela é bastante superficial). A seguir, invade a região temporal e bifurca-se em um ramo frontal e outro parietal, entre a aponeurose epicrânica e o couro cabeludo. Antes disso, ela gera ramos para a glândula parótida, o pavilhão da orelha, o músculo temporal e a artéria facial transversa, que cruza superficialmente o músculo e termina na bochecha.

Anastomose

Rede de canais que se bifurcam ou se recombinam em vários pontos, relativo aos vasos sanguíneos

ARTÉRIA MAXILAR

Tem origem dentro da parótida, cruza o colo da mandíbula e acompanha o músculo pterigóideo lateral, encostada a ele, já na fossa infratemporal. Depois segue ao lado da tuberosidade da maxila e penetra na fossa pterigopalatina (Fig. 6.7).

Seus primeiros ramos (delgados) vão para o meato acústico externo e para a orelha média, e outro, bastante calibroso, atravessa o forame espinhoso e adentra a cavidade do crânio – é a artéria meníngea média. Fornece, em seguida, a artéria alveolar inferior, que segue paralela ao ligamento esfenomandibular e se dirige ao forame da mandíbula. Aprofunda-se nesse forame juntamente com o nervo alveolar inferior, o qual acompanha dentro do canal da mandíbula com as mesmas ramificações e o mesmo percurso até sua terminação no plano mediano.

Antes de se tornar intraóssea, a artéria maxilar solta o ramo milo-hióideo, que inicialmente corre sobre o sulco milo-hióideo, e depois atinge a superfície do músculo milo-hióideo. Durante esse trajeto,

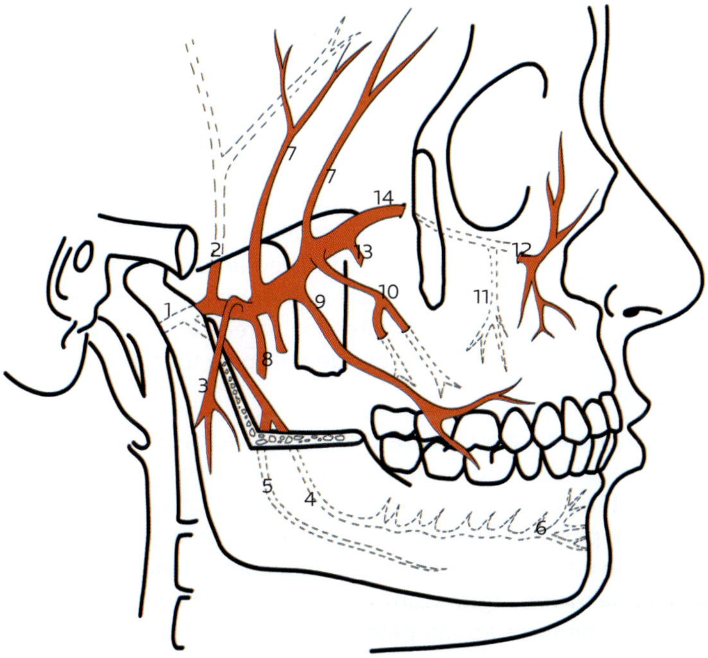

1. Artéria maxilar
2. Artéria meníngea média
3. Artéria massetérica
4. Artéria alveolar inferior
5. Artéria milo-hioide
6. Artéria mentoniana
7. Artérias temporais profundas posterior e anterior
8. Ramos pterigóideos
9. Artéria bucal
10. Artéria alveolar superior posterior
11. Artérias alveolares superiores anteriores (ramos dentais e peridentais)
12. Artéria infraorbital
13. Artéria palatina descendente
14. Artéria esfenopalatina

Figura 6.7 – Ramos da artéria maxilar.

vários ramos dentais deixam a artéria para se dirigirem aos forames apicais dos dentes, os quais atravessam para chegar até a polpa e supri-la. Ramos peridentais também são emitidos em direção ao osso alveolar; sobem por diminutos canais nos septos interdental e interradicular e perfuram-nos em direção ao periodonto e à gengiva.

Ao chegar à região dos pré-molares, a artéria alveolar inferior ramifica-se na artéria mentual e continua dividida dentro de dois ou três canalículos até o plano mediano. Nesse trajeto, ela irriga o osso alveolar e os dentes anteriores, enquanto seu ramo mentual torna-se extraósseo ao sair do interior da mandíbula pelo forame mentual para chegar à gengiva vestibular da região e aos tecidos moles do mento.

Depois da emissão da artéria alveolar inferior, os próximos ramos da artéria maxilar são todos destinados a músculos:

- a artéria massetérica dirige-se à face medial do masseter e nele penetra);
- as artérias temporais profundas posterior e anterior insinuam-se entre o osso temporal e a face profunda do músculo temporal);
- os ramos pterigóideos destinam-se aos pterigóideos lateral e medial;
- a artéria bucal (ramifica-se no músculo bucinador e na mucosa da bochecha).

Pode-se dizer que esses ramos musculares constituem a segunda porção da artéria maxilar. A terceira e última começa pela artéria alveolar superior posterior e pela artéria infraorbital, que se destacam da artéria mãe uma ao lado da outra, quase juntas. Afinal, ambas têm a mesma função de irrigar dentes e seus tecidos de suporte.

Um dos ramos da artéria alveolar superior posterior corre sobre a tuberosidade da maxila em direção à gengiva e à mucosa alveolar da região dos molares. É o **ramo gengival**. Mas, a maioria dos ramos se torna intraóssea depois de ultrapassar os forames alveolares na tuberosidade da maxila e percorrer canais alveolares em direção aos dentes posteriores (ramos dentais) e ao osso alveolar (ramos peridentais). Envia também delgados vasos para suprir o osso e a mucosa que forra o seio maxilar.

A **artéria infraorbital** mergulha na órbita pela fissura orbital inferior e logo alcança, nesta ordem, o sulco, o canal e o forame infraorbital, o qual atravessa para emergir na face e nutrir tecidos moles circunjacentes ao forame, incluindo a gengiva vestibular do primeiro incisivo ao último pré-molar. Seus ramos colaterais são emitidos dentro do canal infraorbital: são as artérias alveolares superiores anteriores, que se comportam como suas homônimas posteriores, pois também viajam em canais alveolares (na parede anterior do seio maxilar) e originam ramos dentais e peridentais para toda a área dos dentes anteriores.

Continuando seu trajeto, a artéria maxilar adentra a fossa pterigopalatina e, do seu interior, envia um ramo para o canal palatino maior, que é a artéria palatina descendente. Esta desce até o forame palatino maior, depois de originar pequenos ramos para a cavidade nasal, atravessa-o e se distribui no palato duro com a denominação de artéria palatina maior. Alguns ramos mais finos vão constituir as artérias palatinas menores ao sair pelos forames homônimos e se difundem no palato mole.

Finalmente, a artéria maxilar deixa a fossa pterigopalatina pelo forame esfenopalatino e passa para a cavidade nasal, como um ramo terminal que passa a ser chamado artéria esfenopalatina. Divide-se em vários ramos que se alastram pela cavidade nasal e um deles acompanha o septo nasal e penetra na abertura superior do canal incisivo, para entrar em anastomose dentro do canal com um ramo da artéria palatina maior.

VEIAS DA FACE E DO PESCOÇO

A drenagem venosa do couro cabeludo é feita, principalmente, pelas veias supraorbital, occipital e temporal superficial, com suas raízes frontal e parietal que acompanham a artéria temporal superficial e seus ramos terminais (Fig. 6.8). A veia temporal superficial faz o trajeto inverso da artéria de mesmo nome, de acordo com a direção do fluxo sanguíneo: cruza a extremidade posterior do arco zigomático à frente do trago e penetra a parótida. Na altura do colo da mandíbula, recebe a veia maxilar e continua a descer na massa da glândula parótida, agora com o nome de veia retromandibular, ao lado da artéria carótida externa.

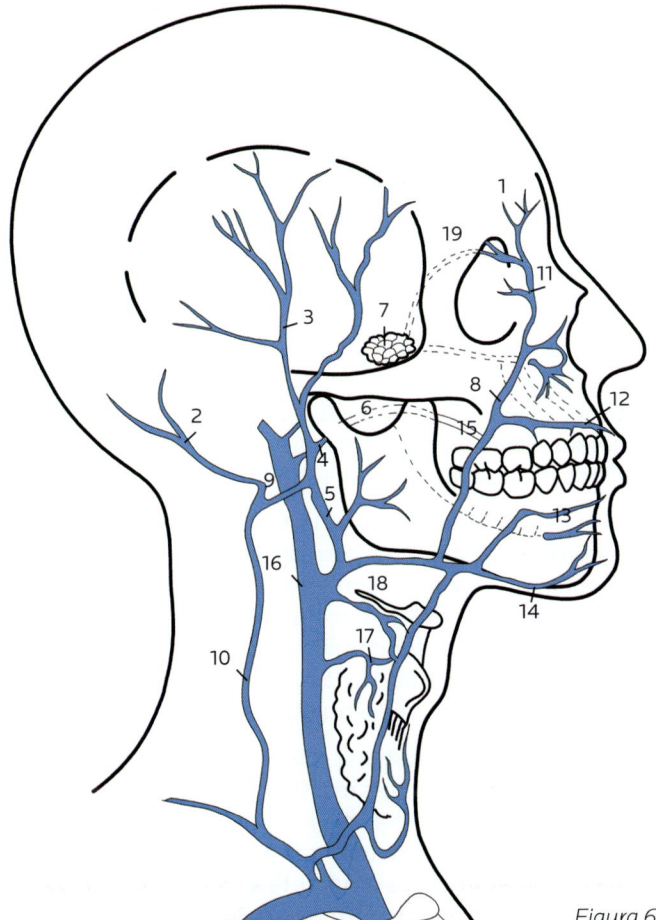

1. Veia supraorbital
2. Veia occipital
3. Veia temporal superficial
4. Veia veia maxilar
5. Veia retromandibular
6. Plexo pterigoide
7. Seio cavernoso
8. Veia facial comum
9. Veia auricular posterior
10. Veia jugular externa
11. Veia angular
12. Veia labial superior
13. Veia labial inferior
14. Veia submentoniana
15. Veia profunda da face
16. Veia jugular interna
17. Veia tireóidea superior
18. Tronco tireolínguofacial
19. Veia oftálmica

Figura 6.8 – Veias da face e do pescoço.

A veia maxilar recebe o sangue do **plexo pterigóideo**, um emaranhado de veias que drena o sangue levado pela artéria maxilar a regiões profundas da face. O **plexo venoso** é ligado ao seio cavernoso, um seio da dura-máter, por veias emissárias que passam nos forames oval, espinhoso e lacerado. São confluentes desse plexo as veias dos músculos da mastigação, da cavidade nasal, do palato, veias meníngeas médias, veias dos dentes e seus tecidos de suporte.

As veias alveolares superiores anteriores e posteriores acompanham as artérias de mesmo nome, ocupando, portanto, os mesmos canais ósseos da maxila que alojam as artérias e drenando todas as partes irrigadas por elas. A veia alveolar inferior situa-se ao lado da artéria alveolar inferior em todo seu trajeto. Suas tributárias ou afluentes (veias mentual, dentais, peridentais, milo-hióideas) correspondem, em denominação e localização, aos ramos arteriais.

A veia **retromandibular**, no seu trajeto intraparotídeo, alcança o ângulo da mandíbula e sai da parótida; a seguir, se bifurca em um ramo anterior e outro posterior. O ramo anterior da veia retromandibular (que antigamente se chamava facial posterior) une-se à veia facial para formar a veia facial comum, e o ramo posterior reúne-se com a veia auricular posterior e constitui a **veia jugular externa**.

SAIBA MAIS

As veias oftálmicas são consideradas veias emissárias, nas quais o sangue pode correr tanto de dentro para fora, quanto de fora para dentro do crânio.

A veia facial inicia-se nas proximidades do ângulo medial do olho, onde recebe o nome de veia angular. Neste ponto, ela se liga com o seio cavernoso por meio das veias oftálmicas superior e inferior, que correm pela parede medial da órbita e atravessam a fissura orbital superior para chegar à cavidade do crânio.

No resto do seu percurso, a veia facial recebe como confluentes/tributárias as veias nasal externa, labial inferior, labial superior, submentual e palatina externa, acompanhantes dos ramos arteriais homônimos. É também confluente à veia profunda da face, que liga a veia facial ao plexo pterigóideo.

Desde seu início, a veia facial tem seu curso na face, paralela e logo atrás da artéria facial. Ao cruzar a base da mandíbula, passa superficialmente à glândula submandibular e se aprofunda para terminar na veia jugular interna. Antes de alcançar a veia jugular interna, a veia facial se transforma em veia facial comum ao se reunir com o ramo anterior da veia retromandibular. Então lança-se na veia jugular interna, geralmente acompanhada das veias lingual e tireóidea superior, constituindo assim um tronco tireolinguofacial.

A veia lingual tem como afluentes as veias dorsais da língua, a veia sublingual e a veia profunda da língua, correspondendo, assim, aos ramos da artéria lingual que esses afluentes acompanham. A veia jugular interna drena a maior parte do encéfalo, começa no forame jugular e desce pelo pescoço, profundamente ao músculo esternocleidomastóideo. Termina perto da clavícula ao se unir com a veia subclávia, para formar a veia braquiocefálica.

O ramo posterior da veia retromandibular reúne-se com a veia auricular posterior, proveniente da área mastoide. Como já foi explicado, o resultado dessa união é a veia jugular externa, que desce no pescoço sobre o músculo esternocleidomastóideo, recebe algumas pequenas tributárias, e aprofunda-se em frente à borda posterior do músculo para desembocar no ângulo formado pelas veias jugular interna e subclávia.

SISTEMA VASCULAR LINFÁTICO

Os vasos linfáticos, providos de válvulas semilunares tal como as veias (a maioria dos capilares linfáticos não têm válvulas), começam na rede capilar linfática, pela qual o líquido intersticial, que fica na intimidade dos tecidos, é coletado e passa a se chamar linfa. À medida que se distanciam dos capilares, os vasos vão ganhando calibre e convergindo, diminuindo de número.

A **linfa** contém muitas substâncias que não foram absorvidas pelos capilares sanguíneos. Antes de ser lançada na circulação sanguínea, atravessa pelo menos um linfonodo. Primeiramente, circula pelos linfonodos regionais (ou primários) e depois atinge cadeias linfáticas mais afastadas, denominadas de secundárias, terciárias, e assim por diante.

Os **linfonodos** são massas globosas de tecido linfoide, colocados escalonadamente no trajeto dos vasos para filtrar a linfa, regular sua corrente e produzir **linfócitos** em seus folículos linfáticos. Possuem também uma rede fibrorreticular, com células reticulares que fagocitam bactérias e outros microrganismos e produzem anticorpos. Os linfonodos formam grupos cervicais, axilares, inguinais e outros menos densos ou numerosos.

LEMBRETE

O maior vaso é o ducto torácico, que tem início no abdome, atravessa o diafragma, percorre o tórax e termina na base do pescoço, do lado esquerdo, na confluência das veias subclávia e jugular interna.

SAIBA MAIS

O sistema linfático pode ser considerado como anexo do sistema venoso, visto que coleta parte do líquido que é exsudado principalmente a partir dos capilares sanguíneos e o lança na corrente venosa.

LINFONODOS DA FACE E DO PESCOÇO

As formações anatômicas da face geralmente drenam sua linfa primeiramente para os linfonodos cervicais superficiais (em relação à lâmina superficial da fáscia cervical e ao músculo esternocleidomastóideo) e em seguida para os cervicais profundos (cobertos pelo músculo esternocleidomastóideo).

Os grupos de linfonodos encontrados na face são os seguintes (Fig. 6.9):
- linfonodos parotídeos superficiais, de um a quatro, localizados à frente do trago;
- linfonodos parotídeos profundos, intra e extraglandulares; e
- linfonodos faciais, inconstantes, dispõem-se no trajeto de veias e situam-se nas proximidades do ângulo da boca, bochecha e ao lado da asa do nariz.

Os grupos de linfonodos encontrados no pescoço são os linfonodos submandibulares, na quantidade de três a seis, situados superficialmente à frente da glândula submandibular e da veia facial (pré-glandulares e pré-vasculares) ou atrás delas (retrovasculares e retroglandulares). Os linfonodos retroglandulares não são constantes. Quando ocorrem, situam-se abaixo do ângulo da mandíbula.

Os linfonodos retroglandulares fazem a drenagem primária (direta) para os linfonodos submandibulares de várias formações anatômicas de interesse odontológico: dentes superiores; dentes inferiores, menos os incisivos; gengiva, menos a área incisiva da mandíbula; lábios superior e inferior, com exceção da parte média do lábio inferior; bochechas; partes laterais do mento; porção anterior da cavidade nasal e do palato; nariz; seio maxilar; corpo da língua; glândula submandibular; parte da glândula sublingual e grande parte do soalho da boca.

SAIBA MAIS

Vasos linfáticos provenientes de algumas regiões medianas da face podem cruzar o plano mediano e atingir linfonodos situados no lado oposto, como é o caso da língua.

Os **linfonodos submandibulares** drenam diretamente para os linfonodos cervicais profundos. O grupo de linfonodos submentuais situa-se entre os dois ventres anteriores do músculo digástrico e à frente do osso hioide. Drena a linfa dos dentes incisivos inferiores e sua gengiva, parte média do lábio inferior, ápice da língua, pele do mento e parte anterior do soalho da boca. A drenagem secundária ocorre no grupo submandibular e daí parte para os linfonodos cervicais profundos superiores (drenagem terciária).

Os pequenos **linfonodos cervicais superficiais** são localizados na região superior do pescoço, superficialmente ao músculo esternocleidomastóideo. Recebem, primariamente, a linfa do lóbulo da orelha e da pele de uma parte do pescoço e são secundários aos do grupo parotídeo.

1. Linfonodos parotídeos superficiais
2. Linfonodos faciais
3. Linfonodos submandibulares
4. Linfonodos submentonianos
5. Linfonodos cervicais profundos
6. Linfonodo júgulo-digástrico
7. Linfonodo júgulo-omo-hióideo

Os **linfonodos cervicais profundos** dividem-se em um grupo superior (no qual sobressai o linfonodo júgulo-digástrico devido ao seu enorme tamanho) e outro inferior (no qual sobressai o linfonodo júgulo-omo-hióideo), situados ao longo da veia jugular interna. Drenam a linfa da raiz da língua, soalho da boca, porção posterior do palato, cavidade nasal, faringe, tonsila palatina, orelha e corpo da glândula tireoide, além de serem secundários aos grupos de linfonodos parotídeos e submandibulares e terciários aos submentuais.

A língua tem uma drenagem complexa: do ápice, a linfa vai para os linfonodos submentuais; das margens, para os submandibulares e cervicais profundos; da porção central do corpo, para os submandibulares e cervicais profundos, principalmente o júgulo-omo-hióideo de ambos os lados; e da raiz, para os cervicais profundos, com alguns vasos cruzando o plano mediano.

Os vasos eferentes dos linfonodos cervicais profundos formam o **tronco jugular**. O tronco jugular do lado esquerdo verte a sua linfa no ducto torácico, e o do lado direito, no ducto linfático direito. Ambos os ductos terminam, de cada lado, no ângulo venoso, formado pela ligação da veia jugular interna com a veia subclávia.

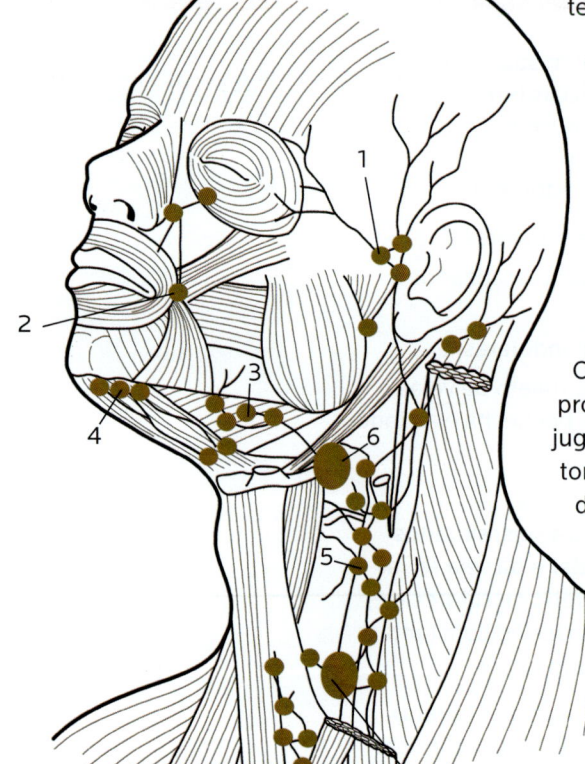

Figura 6.9 - Linfonodos da face e do pescoço.

7

Sistema Digestório

PAULO HENRIQUE FERREIRA CARIA

O sistema digestório promove a quebra dos alimentos em substâncias elementares (moléculas), que são fundamentais para a manutenção das funções celulares de todos os sistemas do corpo humano.

Depois de ingerido, o alimento percorre, a partir da boca, cerca de 8,5 m de órgãos tubulares, até a sua eliminação no ânus pela defecação. Esse trajeto recebe o nome de **canal alimentar** ou **trato gastrintestinal** e é formado pela sequência dos seguintes estruturas: boca, faringe, esôfago, estômago, intestino delgado e intestino grosso (Fig. 7.1).

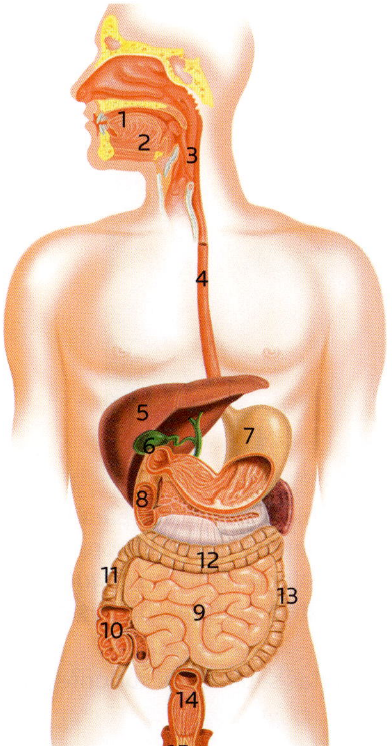

OBJETIVOS DE APRENDIZAGEM

- Conceituar o sistema digestório, de acordo com a sua função
- Identificar os componentes do trato gastrintestinal e citar suas principais funções
- Identificar as glândulas anexas do sistema digestório (fígado e pâncreas) e suas principais funções
- Identificar as estruturas anatômicas da boca e suas estruturas limitantes
- Identificar as estruturas anatômicas da língua e das glândulas salivares

1. Cavidade bucal
2. Língua
3. Orofaringe
4. Esôfago
5. Fígado
6. Vesícula biliar
7. Estômago
8. Duodeno (1ª parte do intestino delgado)
9. Jejuno e íleo (intestino delgado)
10. Ceco do intestino grosso
11. Colo ascendente do intestino grosso
12. Colo transverso do intestino grosso
13. Colo descentende do intestino grosso
14. Reto
15. Ânus

Figura 7.1 – Representação esquemática do sistema digestório.
Fonte: Shutterstock.[1]

As glândulas anexas ao sistema digestório (salivares, fígado e pâncreas) eliminam suas secreções para promover e favorecer a digestão. Nesse processo, cinco atividades básicas podem ser destacadas:

- ingestão – entrada do alimento pela boca;
- peristaltismo – movimenta o alimento unidirecionalmente ao longo do canal alimentar;
- digestão – quebra dos alimentos em substâncias elementares mediante processos mecânicos e químicos;
- absorção – passagem das substâncias elementares resultantes da digestão para o sistema cardiovascular para posterior distribuição pelas células;
- defecação – eliminação de substâncias não digeríveis.

BOCA

A boca é o primeiro segmento do sistema digestório. A cavidade bucal ou oral possui o **vestíbulo da boca**, porção entre os processos alveolares da maxila e da mandíbula e os lábios, e a **cavidade própria da boca**, porção entre os arcos dentais, ocupada pela língua. A cavidade bucal é delimitada anteriormente pelos lábios, lateralmente pelas bochechas, superiormente pelo palato, inferiormente pelo soalho da boca e posteriormente pelo istmo da garganta (Fig. 7.2). Seu estudo deve ser feito *in vivo*, e não no cadáver, em razão das alterações da cor e da textura dos tecidos.

1. Rima da boca
2. Ângulo da boca
3. Filtro
4. Sulco nasolabial
5. Sulco labiomentoniano

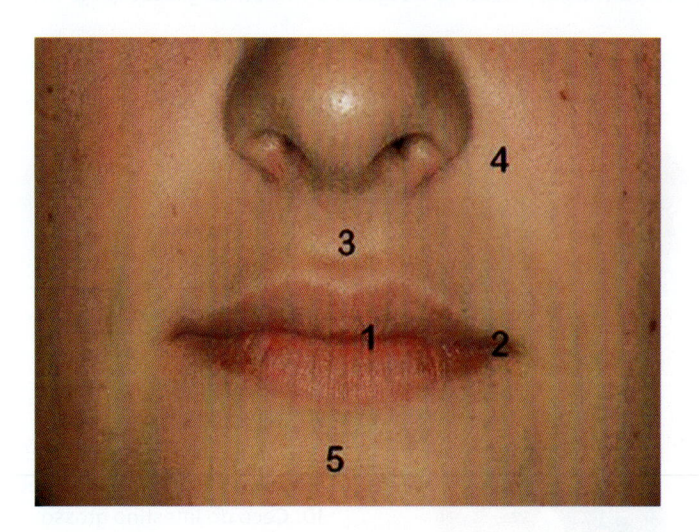

Figura 7.2 – Vista externa da boca. (Gentileza do Prof. Dr. Horácio Faig Leite.)

Os **lábios** dão acesso à cavidade bucal. O lábio superior é separado do inferior pela rima bucal, que fica ligeiramente acima das bordas incisais dos incisivos superiores e se unem lateralmente no *ângulo da boca*. Os lábios possuem cinco camadas de estruturas, dispostas de fora para dentro da seguinte forma:

- primeira camada (cutânea), com glândulas sebáceas e sudoríferas;
- segunda camada (tela subcutânea);
- terceira camada (muscular);

- quarta camada (submucosa), com glândulas salivares e vasos sanguíneos;
- quinta camada (mucosa).

O tubérculo do lábio superior (mediano) está ligado à cartilagem do septo nasal pelo filtro e desce junto à asa do nariz até o ângulo da boca, o sulco nasolabial. A seguir, o sulco labiomarginal desce desde o lábio inferior até a base da mandíbula separado do mento (queixo) do lábio inferior pelo sulco mentolabial.

O contorno interno dos lábios, junto ao processo alveolar, é o fórnice do vestíbulo (Fig. 7.3), local de punção para as anestesias dentais. A mucosa que recobre o osso alveolar é a mucosa alveolar. No plano mediano há uma prega, tanto do lábio superior quanto do inferior, o freio (frênulo) do lábio, que pode ser tão profundo a ponto de causar grande separação entre os dentes (diastema) no arco superior. No arco inferior isso não ocorre, pois sua ancoragem é mais baixa, deixando o lábio inferior com mais mobilidade que o superior. Lateralmente, há os ligamentos laterais, no nível do canino ou dos pré-molares, os quais devem ser respeitados na confecção de uma prótese total.

> **SAIBA MAIS**
>
> O sulco nasolabial é popularmente conhecido como bigode chinês.

> **ATENÇÃO**
>
> Procedimentos cirúrgicos nos lábios devem ser cuidadosos em razão de artéri. labial estar entre o músculo e a mucosa, pois seu traumatismo provoca intenso sangramento.

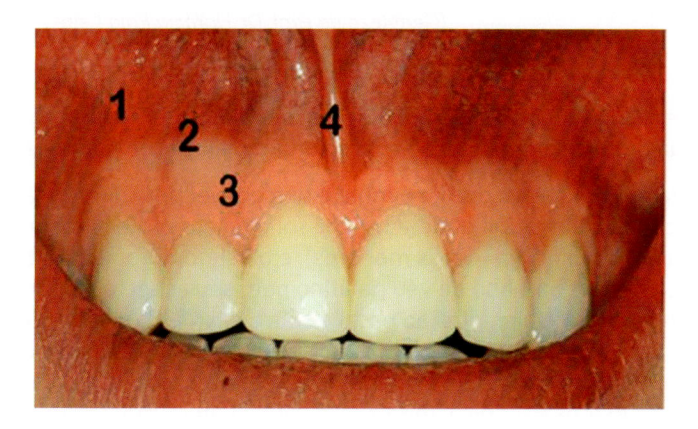

1. Mucosa alveolar
2. Linha mucogengival
3. Gengiva
4. Freio labial superior

Figura 7.3 – Vestíbulo da boca, arco superior. (Gentileza do Prof. Dr. Horácio Faig Leite.)

Contornando os dentes, está a **gengiva**. Sua parte móvel, lisa e brilhante é a gengiva livre, que está separada do dente pelo sulco gengival, que possui cerca de 1 mm de profundidade. Acima da gengiva livre, com aspecto pontilhado decorrente das fibras colágenas que ligam a gengiva ao osso alveolar, está a gengiva inserida. Alguns milímetros acima, observa-se a **mucosa alveolar**, delgada e cheia de vasos sanguíneos, ligada ao osso subjacente por uma submucosa frouxa com grande mobilidade. O limite entre a mucosa alveolar e a gengiva inserida é definido por uma linha sinuosa, a junção mucogengival. Entre os dentes, a projeção da gengiva recebe o nome de papila interdental, e, atrás do último molar, encontramos a papila retromolar.

O **palato** separa a cavidade da boca da cavidade nasal. Tem duas partes, uma mais rígida e anterior, o **palato duro** ou palato ósseo (Fig. 7.4), e outra posterior e flexível, o **palato mole** ou véu palatino (Fig. 7.5), que é formado por tecido fibroso e músculos. O palato duro é recoberto pelo mucoperiósteo (mucosa palatina + periósteo) e apresenta uma linha de união mediana, a rafe palatina mediana.

Logo atrás dos incisivos centrais é possível identificar uma saliência lisa e oval, a papila incisiva. Desde a rafe palatina, no terço anterior do palato, partem saliências transversais da mucosa, as pregas palatinas

1. Papila incisiva
2. Pregas palatinas transversas
3. Rafe palatina
4. Mucosa do palato

1. Palato mole
2. Úvula
3. Arco palatoglosso
4. Arco palatofaríngeo
5. Istmo da garganta

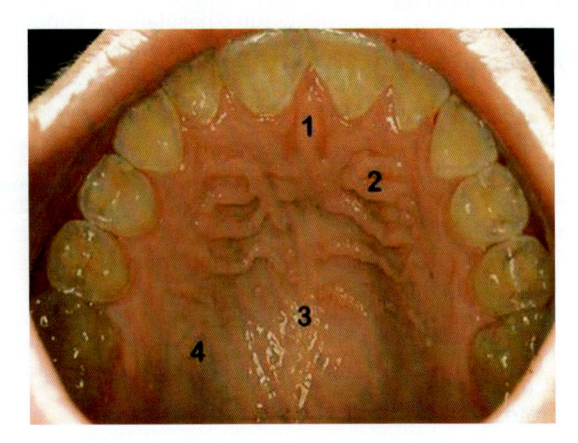

Figura 7.4 – Porção anterior do palato duro. (Gentileza do Prof. Dr. Horácio Faig Leite.)

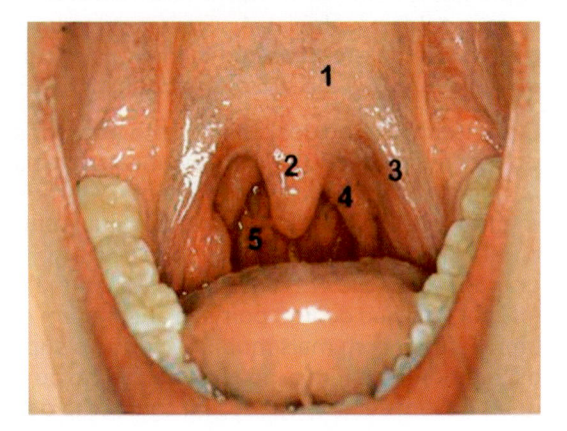

Figura 7.5 – Palato mole e istmo da garganta. (Gentileza do Prof. Dr. Horácio Faig Leite.)

transversas ou rugas palatinas, que ajudam a prender o alimento contra a língua durante a mastigação e direcionam o alimento para os dentes.

O limite entre o palato duro e o mole é perceptível pela diferença na cor da mucosa e pela mobilidade. Além disso, o palato mole apresenta glândulas palatinas (salivares menores), e o palato duro não. O palato mole, também chamado de véu palatino pelo seu aspecto, separa a boca da faringe durante a respiração nasal e sela a nasofaringe durante a deglutição, impedindo que o alimento siga para a cavidade nasal. Esse selamento é realizado pelos músculos do palato, recoberto por mucosa e por uma extensão cônica, mediana, a úvula. Lateralmente, a borda livre continua com os arcos palatinos, um dos limites do istmo da garganta.

LEMBRETE

A tonsila faríngea pode aumentar de volume pela presença de alguma infecção e obstruir os cóanos ou provocar desvio do septo nasal, levando o indivíduo a respirar pela boca, o que provoca alterações alveolares e dentais.

O limite posterior da cavidade bucal, o istmo da garganta (Fig. 7.5) comunica a cavidade da boca com a parte oral da faringe. Seu contorno é definido superiormente pelo palato mole, inferiormente pela raiz da língua e lateralmente pelos arcos palatoglosso (anterior) e palatofaríngeo (posterior). Esses arcos são os músculos palatoglosso e palatofaríngio recobertos pela mucosa oral, e entre eles está a fossa tonsilar, que abriga a **tonsila palatina** (amígdala), tecido linfoide (de proteção). Na nasofaringe é possível encontrar outro tecido linfoide, a **tonsila faríngea** (adenoide), que, junto com a tonsila lingual e a palatina, forma o anel linfático da faringe.

O soalho da boca (Fig. 7.6), limite inferior da cavidade bucal, é todo coberto por mucosa, que vai desde a gengiva lingual até a mucosa alveolar, a qual é fina, vermelha e translúcida. Ao levantarmos a língua em direção ao palato, é possível identificar uma prega mediana, o freio da língua. Lateralmente ao freio da língua, de cada lado, há duas pequenas elevações, as carúnculas sublinguais, locais de abertura do ducto da glândula submandibular.

Abaixo da mucosa do soalho da boca estão os músculos milo-hióideos, considerados como diafragma bucal. Também é possível observar a glândula sublingual, próxima dos caninos e pré-molares, cujos ductos (doze) se abrem na prega sublingual.

1. Face inferior da língua
2. Freio da língua
3. Carúncula sublingual
4. Prega franjada

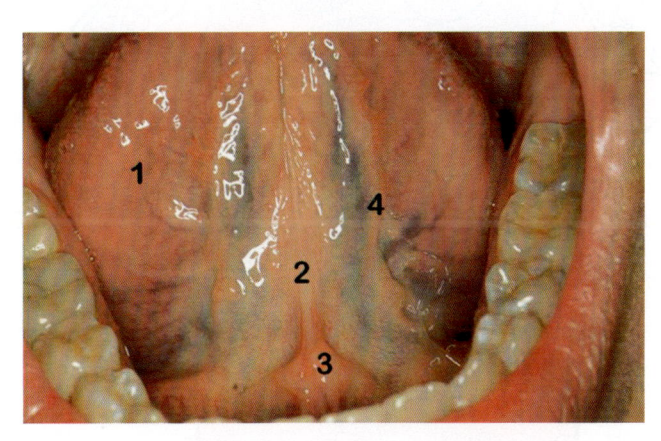

Figura 7.6 – Soalho da boca com a língua erguida. (Gentileza do Prof. Dr. Horácio Faig Leite.)

LÍNGUA

A língua é um órgão essencialmente muscular que ocupa quase toda a cavidade da boca. Está fixada na mandíbula, no osso hioide, no processo estiloide e no palato por músculos denominados de extrínsecos. É recoberta por mucosa, exercendo funções na mastigação, na fala, na deglutição e no paladar. O corpo da língua corresponde aos dois terços anteriores, e a raiz, ao terço posterior.

A mucosa dos dois terços anteriores é inervada pelo nervo lingual, responsável pela sensação geral. A sensação gustatória é dada pelo nervo facial-intermédio. No corpo da língua está o dorso da língua (parte superior), as margens, e a face inferior (ventre da língua), que está voltada para o soalho bucal. No ventre da língua é possível reconhecer uma prega ondulada, a prega franjada, e na base, o freio da língua. O terço posterior da língua é formado pela sua raiz, que está voltada para a faringe, possui massas de tecido linfoide que no conjunto recebe o nome de tonsila lingual. O sulco terminal, que tem forma de V, com abertura voltada para os dois terços anteriores da língua, o separa do terço posterior. Nos dois terços anteriores, o dorso é recoberto pelas papilas linguais, com aspecto rugoso, que se estendem até as margens, ápice e face inferior da língua. Ainda no dorso há uma prega mediana, o sulco mediano da língua, raso que vai do V lingual até o ápice da língua. Entre as papilas linguais, as maiores são as **papilas** circunvaladas (Fig. 7.7), dispostas à frente do sulco terminal, onde se abrem canais de glândulas salivares serosas, os calículos gustatórios. Depois temos as papilas fungiformes, espalhadas entre o ápice e as margens da língua, são avermelhadas, lisas e em forma de cogumelo. As papilas menores são as papilas filiformes, longas e estreitas, estão dispostas por todo o dorso da língua. Dão o aspecto áspero da língua, e não possuem calículos gustatórios, mas sim corpúsculos do tato.

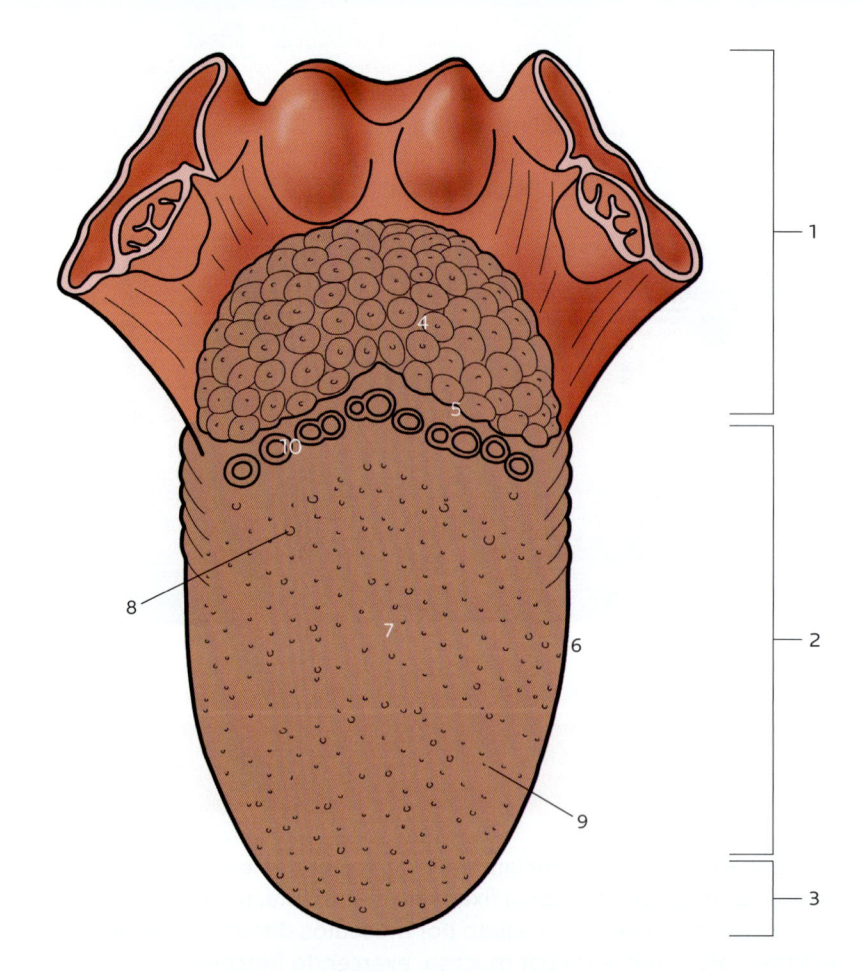

1. Raiz da língua
2. Corpo da língua
3. Ápice da língua
4. Tonsila lingual
5. Sulco terminal
6. Margem da língua
7. Sulco mediano
8. Papilas fungiformes
9. Papilas filiformes
10. Papilas circunvaladas

Figura 7.7 – Dorso da língua.

DENTES

Os seres humanos, como todos os mamíferos, têm duas dentições, uma decídua (dentes de leite), com 20 dentes, e outra permanente, com 32 dentes. Os dentes têm função estética, fonética, de sustentação dos tecidos adjacentes e, principalmente, de mastigação.

Os dentes são formados por coroa, colo e raiz. A **coroa** é a parte do dente revestida por esmalte, também chamada de coroa anatômica. Coroa clínica é a parte do dente que está exposta na cavidade bucal e que pode ser maior ou menor que a coroa anatômica em função do contorno gengival. **Colo** é o estreitamento entre a coroa e a raiz. **Raiz** é um prolongamento de dentina recoberto por cemento que fica no interior do alvéolo dentário. No colo, a linha sinuosa que separa o esmalte que recobre a coroa do cemento que recobre a raiz, denomina-se **linha cervical**. As raízes dos dentes estão presas aos alvéolos pelos ligamentos periodontais ou alvéolo-dentário.

Os dentes apresentam estruturas e partes cujo conhecimento é fundamental para a prática odontológica. As superfícies lisas ou faces dos dentes são denominadas de acordo com a parte da boca para qual estão voltadas, conforme descrito a seguir.

LEMBRETE

As faces mesial e distal, por estarem em contato com outros dentes, também são chamadas de faces proximais.

Anatomia geral e odontológica

- Face vestibular: superfície do dente que está voltada para o vestíbulo (entrada) da boca.
- Face lingual: superfície do dente que está voltada para a língua. Ambas, por não estarem em contato direto com nenhuma estrutura, também são chamadas de faces livres.
- Face mesial: superfície do dente que está voltada para o plano mediano.
- Face distal: superfície do dente contrária ao plano mediano, ou seja, do lado oposto à face mesial.

Os dentes com coroa menos volumosa tem **borda incisal**, que corta os alimentos. Os dentes com coroas mais volumosas, como pré-molares e molares, tem face oclusal, que tritura os alimentos.

Os dentes apresentam estruturas anatômicas importantes que possuem uma terminologia especifica cujo conhecimento é fundamental para a prática odontológica. As estruturas anatômicas dos dentes são descritas a seguir e ilustradas na Figura 7.8.

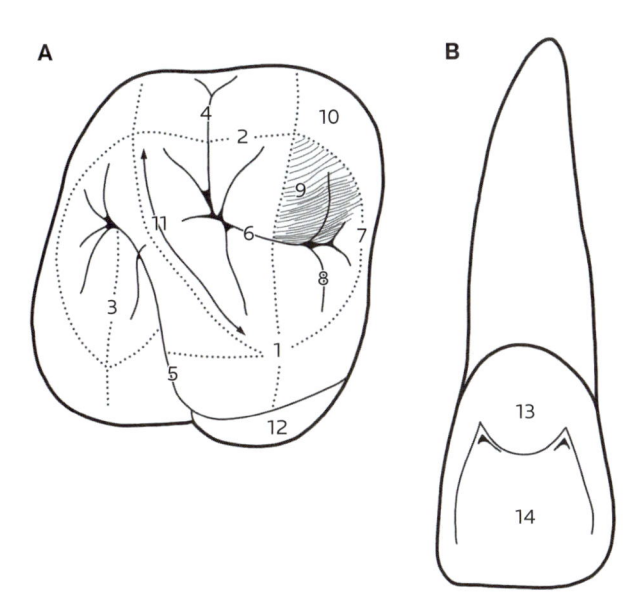

1. Cúspide
2. Aresta longitudinal da cúspide
3. Aresta tranversal da cúspide
4. Sulco vestibular
5. Sulco lingual
6. Sulco principal
7. Crista marginal
8. Sulco secundário
9. Vertente triturante da cúspide
10. Vertente lisa da cúspide
11. Ponte de esmalte
12. Tubérculo
13. Cíngulo
14. Fossa

Figura 7.8 - O dente e suas estruturas anatômicas.

CÚSPIDE: É uma projeção do esmalte em forma da pirâmide quadrangular presente na face oclusal dos dentes premolares e molares. Possui dois planos inclinados, duas vertentes lisas (nas faces livres) e duas vertentes triturantes (na face oclusal).

CÍNGULO: Saliência convexa presente no terço cervical da face lingual de incisivos e caninos.

FOSSA: Depressão ampla e rasa presente na face lingual dos dentes incisivos. Também pode estar presente na face lingual de incisivos e de forma mais ampla e profunda na face oclusal de premolares e molares.

SULCO PRINCIPAL: Depressão linear profunda na face oclusal que delimita as cúspides. Junto dos sulcos principais pode haver fissuras no esmalte, favorecendo o desenvolvimento de cárie nesse local.

SULCO SECUNDÁRIO: São depressões lineares rasas que partem do sulco principal em direção à superfície oclusal (vertentes triturantes) de forma desordenada e com número variado. Servem para aumentar a área triturante e escoar os alimentos.

FOSSETA OU FÓSSULA: Depressão encontrada junto ao término do sulco principal ou no cruzamento dos sulcos principais. Também é encontrada na face vestibular dos molares. No fundo das fossetas, assim como nos sulcos principais, podem ocorrer fendas no esmalte e favorecer o desenvolvimento de cárie nesse local.

CRISTA MARGINAL: Saliência linear convexa e romba presente nas faces de contato (mesial e distal) de todos os dentes. Tem fundamental importância para direcionar o alimento para as faces de escoamento impedindo que o alimento escoe e fique retido nas ameias interdentais.

PONTE DE ESMALTE: Saliência linear convexa e romba que une cúspides, interrompendo o sulco principal. Está presente no primeiro molar superior e no primeiro pré-molar inferior, eventualmente no segundo pré-molar inferior também.

TUBÉRCULO: Elevação romba presente na superfície dos dentes. Ex: Tubérculo de Carabelli (presente na cúspide mesio-lingual do primeiro molar superior).

DENTIÇÕES

As representações gráficas dos hemiarcos dentários superior e inferior nas duas dentições humanas é representada da seguinte forma (Fig. 7.9):

Decídua: $\dfrac{2I, 1C, 2M}{2I, 1C, 2M}$ = 20 dentes

Permanente: $\dfrac{2I, 1C, 2PM, 3M}{2I, 1C, 2PM, 3M}$ = 32 dentes

Figura 7.9 – Representações gráficas dos hemiarcos dentários superior e inferior nas dentições decídua e pemanente.

LEMBRETE

Os quadrantes são numerados em ordem horária e crescente, como se o odontólogo estivesse olhado de frente para o paciente. Os números de 1 a 8, na dentição permanente, remetem **à ordem** do dente no quadrante, e de 1 a 5, **à ordem** na dentição decídua.

Para se fazer referência a um dente em especial, o odontólogo utiliza uma numeração representativa para cada elemento dental. São empregados dois algarismos, sendo que o primeiro corresponde a um dos quatro hemiarcos dentais dos arcos dentais superior e inferior, e o segundo, à ordem do dente no quadrante. Os quadrantes são numerados de 1 a 4 na dentição permanente e de 5 a 8 na dentição decídua (Fig. 7.10).

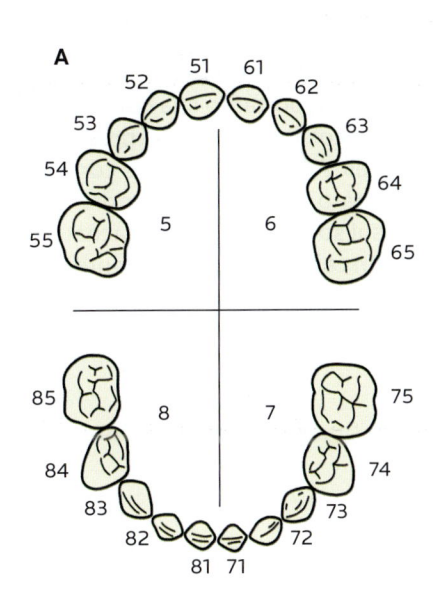

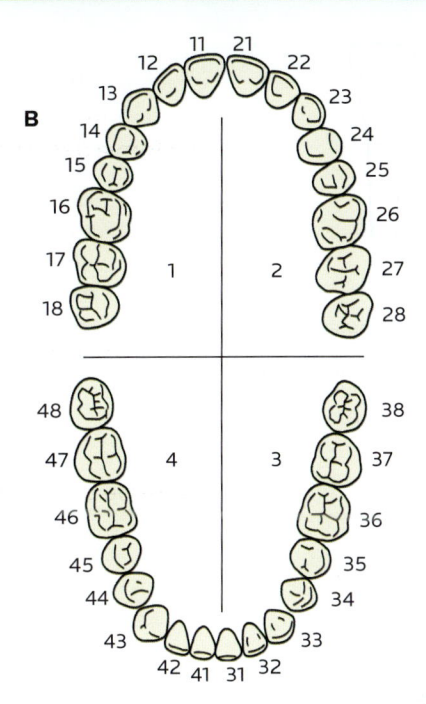

Figura 7.10 – Ilustração esquemática dos arcos dentais. (A) Dentição decídua. (B) Dentição permanente.

DENTES PERMANENTES

Incisivo central superior (11 e 21)

Tem formato de pá. A face vestibular é levemente convexa, e a face lingual, **côncava**. Apresenta o **cíngulo bem marcado e** as cristas marginais evidentes, circundando uma ampla fossa lingual. O ângulo mesioincisal é retilíneo, enquanto o distoincisal é arredondado. Tem grande importância estética no sorriso. Possui apenas uma raiz cônica e somente um canal radicular. É identificado pelos números 11 e 21 (Fig. 7.11).

Face vestibular   Face lingual   Vista incisal

Figura 7.11 – Incisivo central superior.

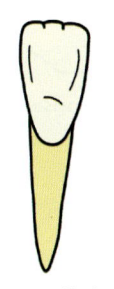

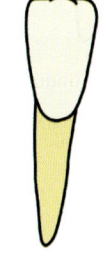

Incisivo central inferior (31 e 41)

É o dente que apresenta a menor distância mesiodistal, portanto, é o menor dente da dentição humana. Seus elementos anatômicos são bem discretos, quase imperceptíveis. O que o difere é o cíngulo bem centralizado. Possui apenas uma raiz, achatada mesiodistalmente, e um canal radicular. É identificado pelos números 31 e 41 (Fig. 7.12).

Face vestibular   Face lingual   Vista incisal

Figura 7.12 – Dente incisivo central inferior.

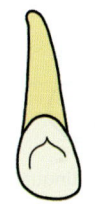

Incisivo lateral superior (12 e 21)

Possui forma semelhante à do incisivo central superior, porém é menor. O que o destaca, além do tamanho, é o fato de os ângulos mesioincisal e distoincisal serem mais arredondados, especialmente o distoincisal. Pela face lingual, o cíngulo e as cristas marginais podem ser reconhecidos, e a presença de um forame cego junto ao cíngulo não é incomum. Possui uma raiz longa, uma vez e meia o tamanho da coroa, levemente achatada mesiodistalmente, e um canal radicular. É identificado pelos números 12 e 22 (Fig. 7.13).

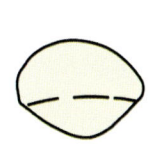

Face vestibular   Face lingual   Vista incisal

Figura 7.13 – Dente incisivo lateral superior.

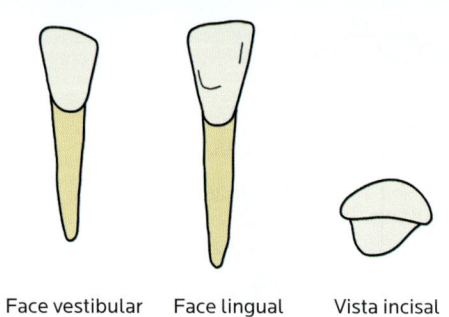

Figura 7.14 – Dente incisivo lateral inferior.

Incisivo lateral inferior (32 e 41)

É maior que o incisivo central inferior. Suas faces de contato são divergentes para incisal, portanto sua coroa é mais larga. Seus elementos anatômicos também não apresentam características marcantes. A face vestibular é convexa, e a lingual, côncava. O discreto cíngulo está sempre deslocado para a face distal. Possui somente uma raiz, achatada mesiodistalmente, e um canal radicular. É identificado pelos números 32 e 42 (Fig. 7.14).

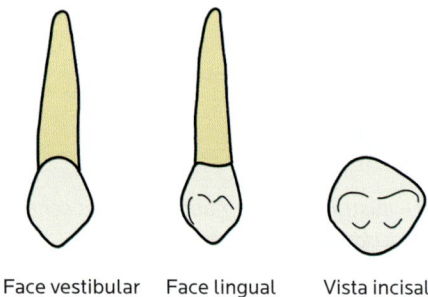

Figura 7.15 – Dente canino superior.

Canino superior (13 e 23)

Sua coroa tem formato de lança, pontiaguda e larga. Os ângulos mesial e distal são deslocados para a cervical, sendo o distal mais cervical que o mesial. A face mesial é mais plana, e a distal, mais curva. A face lingual é mais estrita que a face vestibular e tem cristas marginais e cíngulo bem desenvolvidos. É o mais longo dos dentes, com destaque para a sua raiz, que é única e tem forma cilíndrica. É identificado pelos números 13 e 23 (Fig. 7.15).

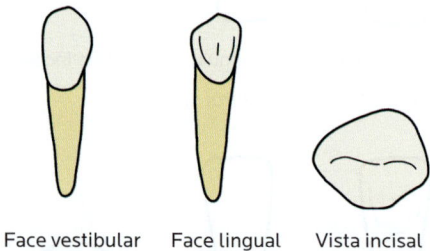

Figura 7.16 – Dente canino inferior.

Canino inferior (33 e 43)

Sua coroa é menor, mais estreita e mais longa que a do canino superior. Seu contorno é mais delicado, portanto o cíngulo e as cristas marginais são discretos. A face mesial é mais plana, e a distal mais curva, uma característica geral dos dentes. Sua raiz é mais curta que a do canino superior e achatada mesiodistalmente, com um canal radicular. É identificado pelos números 33 e 43 (Fig. 7.16).

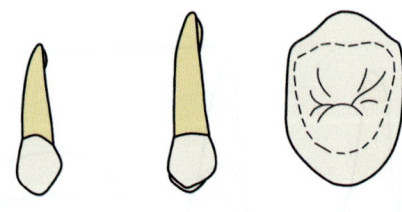

Figura 7.17 – Primeiro pré-molar superior.

Primeiro pré-molar superior (14 e 24)

Sua face vestibular é semelhante à do canino superior, porém menor. Possui duas cúspides, uma vestibular, maior, e outra lingual, separadas por um sulco principal retilíneo mesiodistalmente e deslocado para lingual. A face mesial é mais reta, a distal é mais curva. Do mesmo modo, a crista marginal mesial é mais alta que a distal e geralmente interrompida por um sulco. Possui duas raízes, uma vestibular, maior, e outra lingual, menor. Geralmente as raízes estão separadas, mas podem se apresentar fusionadas; ainda assim, apresenta dois canais radiculares. É identificado pelos números 14 e 24 (Fig. 7.17).

Primeiro pré-molar inferior (34 e 44)

A face vestibular continua semelhante à do canino, porém mais baixa (achatada). Com formato oval, na face oclusal é possível reconhecer sua principal característica, a cúspide vestibular ocupando quase toda a cora. A outra cúspide, lingual, é bem menor e quase sempre está unida à vestibular por uma ponte de esmalte que delimita duas fossetas proximais. A fosseta distal é maior que a mesial. As cúspides também podem estar separadas por um sulco mesiodistal de concavidade vestibular. Possui uma raiz achatada mesiodistalmente, levemente deslocada para distal, e apresenta um conduto radicular. É identificado pelos números 34 e 44 (Fig. 7.18).

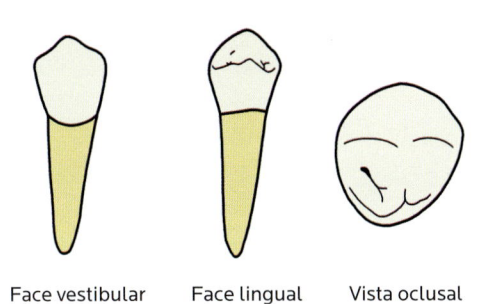

Figura 7.18 – Primeiro pré-molar inferior.

Segundo pré-molar superior (15 e 25)

Sua coroa é semelhante à do primeiro prémolar superior, porém menor. Os elementos anatômicos são discretos, e os ângulos são arredondados. É longo no sentido vestibulolingual, em razão de suas duas cúspides, uma vestibular e discretamente maior que a outra, lingual. O sulco principal é centralizado e curto, e a face oclusal tem muitos sulcos secundários. A face mesial e a crista marginal mesial são mais retas e mais altas que as homônimas da face distal. Na maioria dos casos, tem raiz única que é achatada mesiodistalmente e apresenta profundos sulcos ao logo da raiz. Geralmente apresenta dois canais radiculares. É identificado pelos números 15 e 25 (Fig. 7.19).

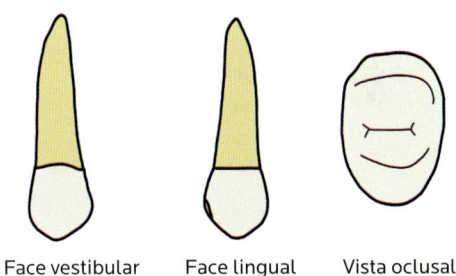

Figura 7.19 – Segundo pré-molar superior.

Segundo pré-molar inferior (35 e 45)

Sua coroa tem formato circular, com destaque para a grande cúspide vestibular. Na face oclusal também podem ser identificadas uma ou duas cúspides linguais, portanto o dente pode ser bi ou tricuspidado. O sulco principal (mesiodistal) tem concavidade vestibular, porém às vezes é interrompido por uma ponte de esmalte. Esse dente tem muitas variações de forma, cerca de 240. Na forma tricuspidada, parte do sulco principal um sulco separando as cúspides linguais, a mesiolingual (maior) da distolingual (menor). Possui uma única raiz, cônica, com um canal radicular. É identificado pelos números 35 e 45 (Fig. 7.20).

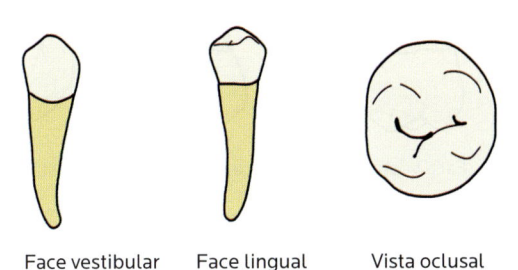

Figura 7.20 – Segundo pré-molar inferior.

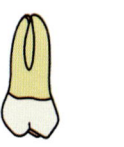

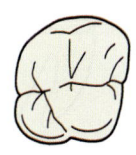

Primeiro molar superior (16 e 26)

De formato quadrangular, suas quatro cúspides bem definidas têm a altura dos pré-molares, porém são mais largas. A cúspide mesiolingual é a maior de todas, seguida pela mesiovestibular, pela distovestibular e pela menor de todas, a distolingual. Como na maioria dos dentes, a crista marginal mesial é mais longa e retilínea que a distal, porém é o único dente da boca cuja face lingual é mais larga que a vestibular. Há uma ponte de esmalte que liga a cúspide mesiolingual à distovestibular. Na face lingual da cúspide mesiolingual (a maior), pode ser encontrado o tubérculo de Carabelli. Possui três raízes divergentes, duas vestibulares e

Figura 7.21 – Primeiro molar superior.

uma lingual ou palatina, e três canais radiculares, sendo o lingual mais amplo que os demais. É identificado pelos números 16 e 26 (Fig. 7.21).

Primeiro molar inferior (36 e 46)

Com cinco cúspides, três na face vestibular e duas na face lingual, esse é o maior dente da boca. De formato retangular, as duas cúspides linguais são mais altas que as vestibulares, que são inclinadas para lingual. Na face vestibular, em ordem decrescente, está cúspide mesiovestibular mais volumosa e mais,alta seguida da vestibular mediana e da distovestibular. As faces de contato convergem para lingual, e as livres, para distal. A face mesial é mais retilínea que a distal, e a crista marginal mesial é mais alta que a distal. O sulco principal se assemelha a letra "W", e a presença de sulcos secundários é comum. Apresenta duas raízes, uma mesial e outra distal, e três canais radiculares, dois mesiais e um distal, na maioria dos casos. É identificado pelos números 36 e 46 (Fig. 7.22).

Face vestibular   Face lingual   Vista oclusal

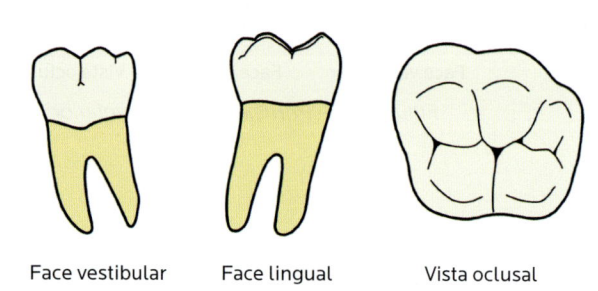

Figura 7.22 – Primeiro molar inferior.

Segundo molar superior (17 e 27)

É semelhante ao primeiro molar superior, porém menor em todas as dimensões. Esse dente, como os demais, apresenta a face vestibular mais larga que a lingual, pois a cúspide distolingual é bem pequena e às vezes ausente. Desse modo, esse dente pode ser tetra ou tricuspidado. Como no primeiro molar superior, o sulco principal vertical separa bem as cúspides vestibulares, e o outro, transversal, separa as cúspides linguais das vestibulares, atravessando a discreta ponte de esmalte. A convergência das faces livres para distal às vezes é acentuada. Possui três raízes, duas vestibulares e uma lingual, menos divergentes que as do primeiro molar superior. É identificado pelos números 17 e 27 (Fig. 7.23).

Face vestibular   Face lingual   Vista oclusal

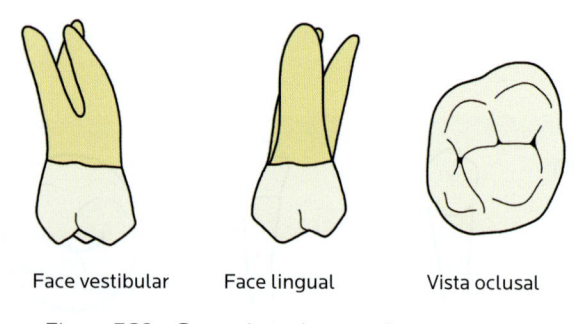

Figura 7.23 – Segundo molar superior.

Segundo molar inferior (37 e 47)

É um dente de fácil identificação, pois tem formato quadrangular. É menor que o primeiro molar inferior porque tem quatro cúspides, duas vestibulares e duas linguais. Como no primeiro, as cúspides linguais são mais altas que as vestibulares, que são inclinadas para lingual. Suas faces de contato convergem para lingual, e as faces livres, para a distal. O sulco principal tem formato de cruz. Apresenta duas raízes, uma mesial e outra distal, e três canais radiculares, dois mesiais e um distal. É identificado pelos números 37 e 47 (Fig. 7.24).

Face vestibular   Face lingual   Vista oclusal

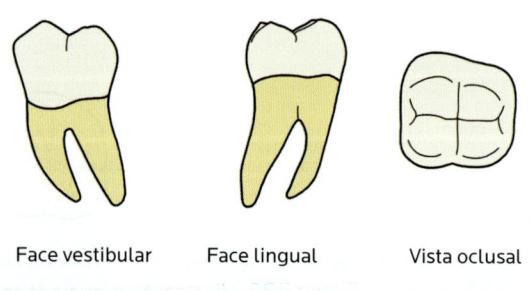

Figura 7.24 – Segundo molar inferior.

Terceiros molares superiores (18 e 28) e inferiores (38 e 48)

Esses dentes não têm padrão morfológico definido. Tem forma variável se assemelhando aos primeiros molares e/ou aos segundos molares do arco. O que diferencia os superiores dos inferiores além das semelhanças com os outros molares é o formato, os superiores são quadrangulares enquanto os inferiores retangulares. Além dos fatores comuns a todos dos dentes: face mesial ser mais retilínea e mais alta que a distal que é convexa e baixa. As raízes dos superiores são semelhantes aos dos outros molares, porém podem se apresentar coalescentes. Nos inferiores suas raízes são curvadas para distal e na maioria das vezes, fusionadas. Identificado pelos números 18 e 28 (superiores) e 38 e 48 (inferiores).

DENTES DECÍDUOS

De modo geral, os incisivos, os caninos e os segundos molares decíduos têm forma semelhante à dos permanentes, portanto, somente os primeiros molares decíduos tem forma própria, sem qualquer semelhança com algum dente permanente. Um aspecto diferencial é que os dentes decíduos são menores e mais brancos (em virtude do esmalte delgado) que os permanentes, por isso são chamados de "dentes de leite". Outras características que diferenciam os dentes decíduos são coroas curtas e largas, acentuado estreitamento cervical, e presença de bossas cervicais maiores e mais salientes que nos permanentes. As raízes dos molares decíduos são divergentes, e os sulcos e outros elementos da coroa são mais discretos (Figs. 7.25 a 7.35).

As raízes dos 20 dentes decíduos começam a sofrer reabsorção um ou dois anos após sua formação, em virtude do desenvolvimento do dente permanente que está adjacente. Além da ausência de premolares, outro aspecto que chama atenção na dentição decídua é que os primeiros molares superiores e inferiores têm formato próprio, com tubérculo molar na face vestibular e os segundos molares decíduos tem forma idêntica à dos primeiros molares permanentes. Devido ao seu esmalte delgado, a coroa dos dentes decíduos sofre maior desgaste e, portanto alterações na forma da coroa.

LEMBRETE

A câmara pulpar dos dentes decíduos é mais ampla que dos permanentes.

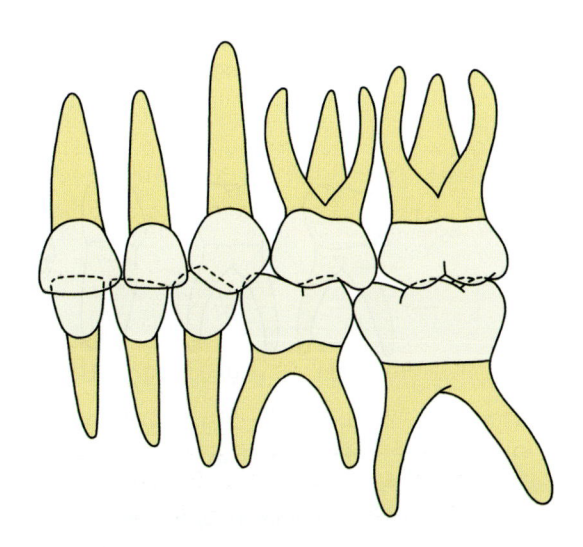

Figura 7.25 – Ilustração esquemática da dentição decídua.

Caria

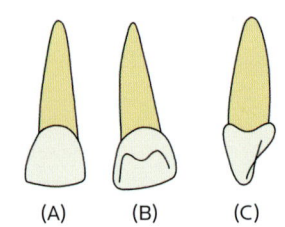

Figura 7.26 – Incisivo central superior decíduo (51 ou 61). Vistas: (A) vestibular; (B) lingual; (C) proximal.

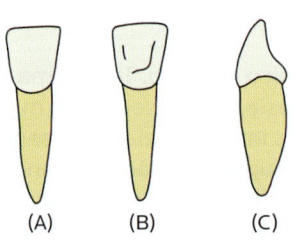

Figura 7.27 – Incisivo central inferior decíduo (71 ou 81). Vistas: (A) vestibular; (B) lingual; (C) proximal.

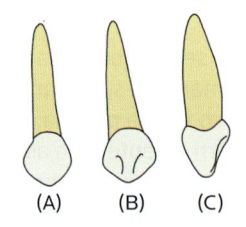

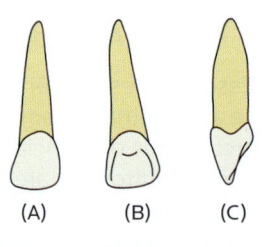

Figura 7.28 – Incisivo lateral superior decíduo (52 ou 62). Vistas: (A) vestibular; (B) lingual; (C) proximal.

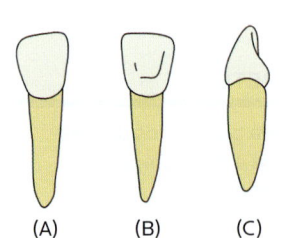

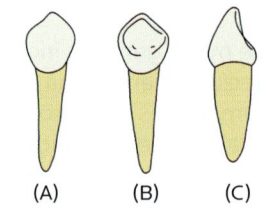

Figura 7.29 – Incisivo lateral inferior decíduo (72 ou 82). Vistas: (A) vestibular; (B) lingual; (C) proximal.

Figura 7.30 – Canino superior decíduo (53 ou 63). Vistas: (A) vestibular; (B) lingual; (C) proximal.

Figura 7.31 – Canino inferior decíduo. Vistas: (A) vestibular; (B) lingual; (C) proximal.

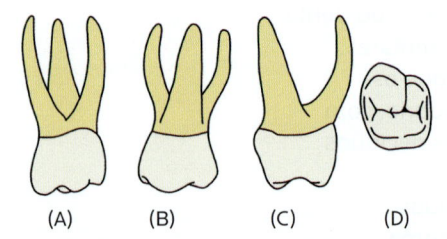

Figura 7.32 – Primeiro molar superior decíduo. Vistas: (A) vestibular; (B) lingual; (C) proximal; (D) oclusal.

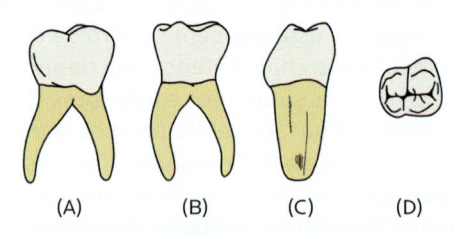

Figura 7.33 – Primeiro molar inferior decíduo. Vistas: (A) vestibular; (B) lingual; (C) proximal; (D) oclusal.

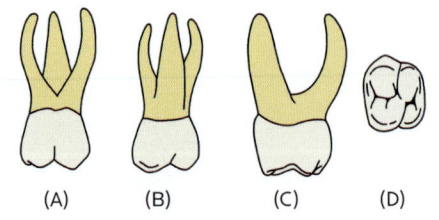

Figura 7.34 – Segundo molar superior decíduo. Vistas: (A) vestibular; (B) lingual; (C) proximal; (D) oclusal.

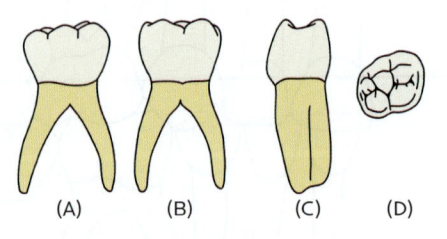

Figura 7.35 – Segundo molar inferior decíduo. Vistas: (A) vestibular; (B) lingual; (C) proximal; (D) oclusal.

AS GLÂNDULAS SALIVARES

As glândulas salivares podem ser divididas, de acordo com o tamanho, em maiores e menores, e a produção de saliva é proporcional ao tamanho. Entre as funções da saliva, destacam-se sua atuação na digestão, umedecendo e lubrificando o alimento para a deglutição, na limpeza, na facilitação dos movimentos dos lábios, das bochechas e da língua, e na fala.

GLÂNDULAS SALIVARES MAIORES

Glândula parótida

Está localizada entre o músculo esternocleidomastóideo e a borda posterior do ramo da mandíbula (Fig. 7.36). Acima, se estende até a ATM e o meato acústico externo; abaixo, alcança o ângulo da mandíbula. Possui uma parte superficial e outra profunda, que se encontram contornando o ramo da mandíbula e os músculos masseter e pterigóideo medial, nela inseridos.

Sua parte superficial é maior e recobre grande porção do músculo masseter. Pode apresentar uma extensão anterior, às vezes destacada do restante da glândula que acompanha o arco zigomático, a **glândula parótida acessória**. A parte profunda é menor e se estende até o músculo pterigóideo medial e os músculos do processo estiloide.

A glândula parótida é atravessada horizontalmente pelo nervo facial e verticalmente pela veia retromandibular, pela artéria carótida externa e pelo seu ramo, a artéria maxilar. É completamente envolvida pela **fáscia parotídea** (parte da fáscia cervical) e envia septos para o seu interior, dividindo-a em lóbulos, o que torna difícil sua remoção quando necessária.

O **ducto parotídeo** cruza horizontalmente o músculo masseter logo abaixo do arco zigomático, contorna sua borda anterior, perfura o corpo adiposo da bochecha e o músculo bucinador e finalmente se abre no vestíbulo da boca, em uma saliência, a **papila parotídea**, próximo à face vestibular do segundo molar superior.

> **LEMBRETE**
>
> Alterações no pH da saliva, que é levemente ácido, podem favorecer a formação de cálculos salivares ou a descalcificação do esmalte.

> **LEMBRETE**
>
> O conhecimento dos locais de eliminação de saliva é importante para o trabalho do dentista, que precisa deixar seco seu campo de atuação.

1. Glândula parótida
2. Ducto da glândula parótida

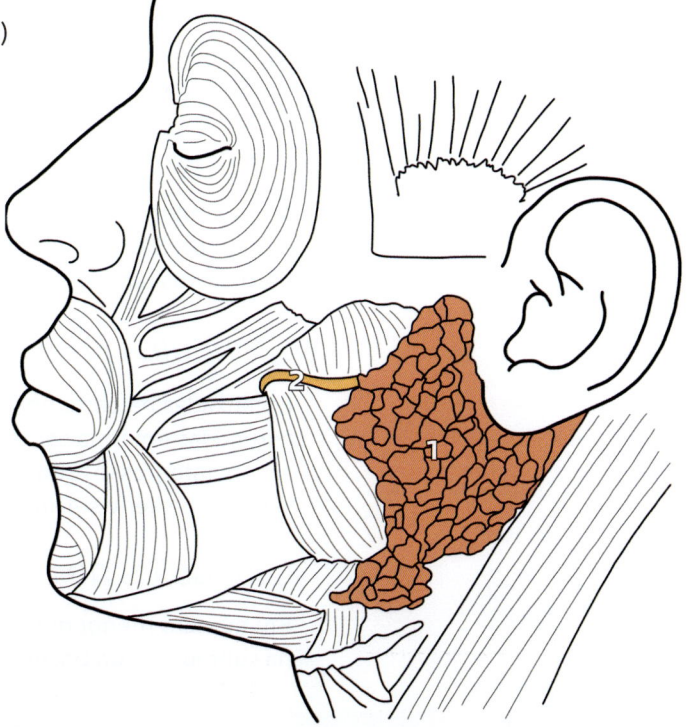

Figura 7.36 – Vista lateral da face com ênfase na glândula parótida.

1. Glândula submandibular
2. Ducto da glândula submandibular
3. Glândula sublingual
4. Carúncula sublingual

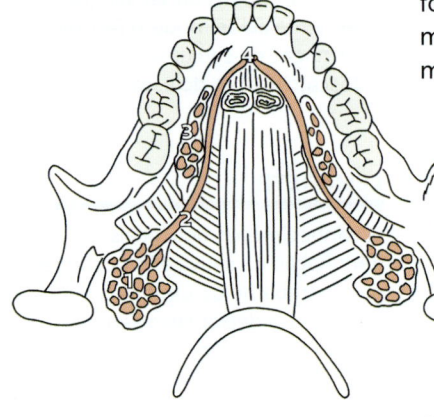

Figura 7.37 – Vista superior do soalho bucal.

Glândula submandibular (Fig 7.37)

Tem a metade do tamanho da parótida, é alongada e também pode ser dividida em porção superficial (maior) e profunda (menor). A porção profunda fica junto à fossa submandibular, portanto oculta da mandíbula, enquanto a porção superficial é coberta pelo músculo platisma e por pele. A glândula ocupa o triângulo submandibular formado pelos tendões do músculo digástrico e pela base da mandíbula superiormente. Medialmente, está em contato com os músculos milo-hióideo e hioglosso. Entre esses músculos passa o ducto da glândula submandibular, que cruza o nervo lingual superiormente, corre medialmente à glândula sublingual e abre-se na carúncula sublingual lateralmente ao freio da língua. Sua fáscia é frouxa, o que facilita a palpação da glândula, pois a torna móvel.

Glândula sublingual (Fig 7.37)

Está localizada sobre o músculo milo-hióideo, no soalho da boca, e em contato com a fóvea sublingual da mandíbula. Apresenta um corpo alongado e achatado. Medialmente encontram-se o ducto da glândula submandibular, o nervo lingual e o músculo genioglosso. A glândula sublingual não tem um ducto único, mas uma dúzia de **ductos sublinguais menores** que se abrem separadamente na prega sublingual.

Pode ser encontrado um ducto maior, o **ducto sublingual maior**, que pode se juntar ao ducto submandibular e também se abre na carúncula sublingual.

GLÂNDULAS SALIVARES MENORES

São denominadas de acordo com a sua localização: labiais, palatinas, bucais e linguais.

Glândulas labiais

As glândulas labiais são pequenas glândulas situadas na submucosa dos lábios. São numerosas, e seus ductos se abrem diretamente na mucosa dos lábios.

Glândulas palatinas

Localizadas na parte posterior do palato duro e no palato mole, estão agrupadas em uma camada na submucosa que pode se estender até o arco palatoglosso. Cada pequena glândula tem seu ducto próprio, cuja saliva pode ser vista após algum período com a boca aberta.

Glândulas da bochecha

Em número menor que as outras, são arredondadas e estão dispersas na submucosa da bochecha, entre as fibras do músculo bucinador.

Glândulas linguais

Podem ser encontradas tanto na raiz da língua quanto próximo ao seu dorso. Há dois tipos, o seroso, que desemboca na vala das papilas circunvaladas, e o tipo mucoso, que se abre por seus diminutos ductos nas criptas linguais dos nódulos linfáticos da tonsila lingual. O outro conglomerado constitui a glândula lingual anterior, que fica incrustada na massa muscular da língua, próxima ao ápice. Seus pequenos ductos terminam na mucosa da face inferior da língua.

A secreção serosa (fluida, aquosa) ajuda a remover partículas de alimento da superfície da gengiva, da bochecha e do dorso da língua, enquanto a secreção mucosa (viscosa, espessa) ajuda a ligar (grudar) a comida mastigada para formar o bolo a ser deglutido, além de proteger o epitélio bucal da ação das partículas de alimento.

As glândulas salivares possuem inervações simpáticas e parassimpáticas. As fibras simpáticas pós-ganglionares originam-se do gânglio cervical superior e seguem a artéria carótida externa e seus ramos. As fibras parassimpáticas originam-se nos núcleos salivatórios superior e inferior. Do primeiro, elas saem pelo ramo intermédio do nervo facial e alcançam todas as glândulas maiores, menos a parótida. Do núcleo salivatório inferior elas saem pelo nervo glossofaríngeo e vão à parótida.

Algumas teorias afirmam que a ingestão alimentar é basicamente controlada por três sensações: apetite (desejo de comer algo específico), fome (desejo imperioso por alimentos em geral) e saciedade. Um dos centros neurais que controla essas sensações é o hipotálamo, no qual núcleos específicos recebem informações sobre o nível de glicose no sangue. Quando esse nível cai abaixo de determinado limite, centros hipotalâmicos relacionados ao apetite são estimulados, resultando no desejo de comer. Uma vez iniciada a ingestão, receptores localizados nas paredes do estômago informam ao hipotálamo o grau de distensão. Quando este alcança determinado limite, áreas hipotalâmicas relacionadas com a saciedade são estimuladas, inibindo, assim, a ingestão de alimentos.

LEMBRETE

Há ductos secretores de glândulas salivares espalhados por toda a boca. Em todas as suas paredes (lábios, bochechas, soalho, palato, istmo da garganta) há glândulas salivares serosas (parótida), mucosas (a maioria das glândulas menores) e mistas (submandibular e sublingual).

LEMBRETE

Embora o nervo facial atravesse a parótida, esta é a única glândula salivar maior que ele não inerva.

SAIBA MAIS

A inervação simpática promove vasoconstrição e uma secreção viscosa pouco abundante. A inervação parassimpática promove vasodilatação e secreção fluida e abundante.

VÍSCERAS ABDOMINAIS DO SISTEMA DIGESTÓRIO

As estruturas abdominais do sistema digestório serão abordadas seguindo a sequência do bolo alimentar: esôfago, estômago, intestinos delgado e grosso (Figs. 7.38). Também serão feitas considerações sobre o fígado e o pâncreas.

A cavidade abdominal é recoberta por uma membrana serosa denominada peritônio. Alguns órgãos da cavidade abdominal, como o duodeno, o pâncreas e os colos ascendente e descendente, estão atrás do peritônio, por isso são denominados retroperitoneais. Outros órgãos não estão presos diretamente à parede abdominal, mas a prolongamentos do peritônio, denominados de mesentério. Outra prega com destacada presença de tecido adiposo é o omento menor, junto à curvatura menor do estômago, bem como o omento maior, localizado inferiormente.

Cavidade peritoneal

Espaço virtual localizado entre as duas lâminas do peritônio (peritônio parietal e visceral).

Figura 7.38 – Vísceras abdominais do sistema digestório.
Fonte: Shutterstock.[1]

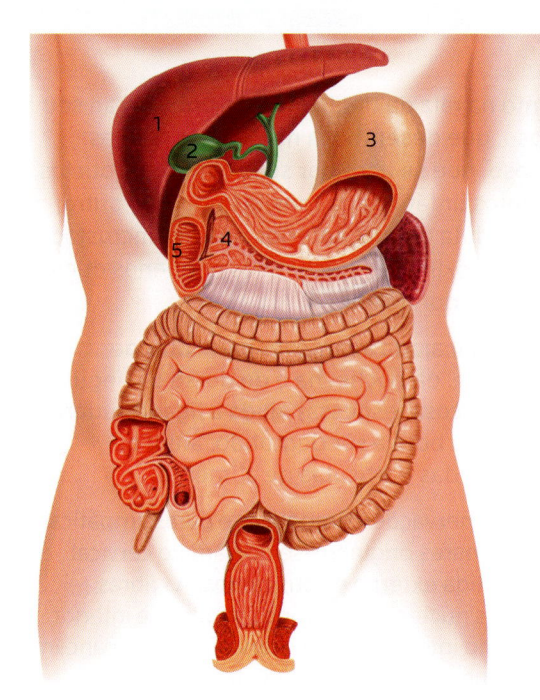

1. Fígado
2. Vesícula biliar
3. Estômago
4. Pâncreas
5. Duodeno

ESÔFAGO

É um órgão tubular de cerca de 24 cm no adulto que conduz o alimento da boca ao estômago por meio de movimentos peristálticos. Possui três camadas: musculatura lisa (externa), submucosa e epitélio mucoso. O esôfago também possui três segmentos: cervical, torácico e abdominal. O primeiro é curto, enquanto o segundo está localizado entre a coluna vertebral (posteriormente) e a traqueia (anteriormente) e desce até atravessar o músculo diafragma pelo **hiato esofágico** (segmento abdominal), desembocando no estômago pelo **óstio cárdio**. Durante seu trajeto até o estômago, o esôfago possui dois **esfincter, esofágico superior** e **inferior**, que regulam a passagem dos alimentos.

ESTÔMAGO

Órgão mais dilatado do canal alimentar, localizado logo abaixo do músculo diafragma e levemente deslocado para a esquerda (Fig. 7.39). Promove a digestão mecânica pelo peristaltismo e a digestão química pela secreção de enzimas digestivas como lipase, pepsinogêneo, gástrica e renina, além de ácido clorídrico. Responsável pela formação do quimo, o estômago também auxilia na absorção de água, eletrólitos e, eventualmente, drogas e álcool. Como o esôfago, também é formado por musculatura lisa e revestido internamente por submucosa e epitélio mucoso.

O estômago tem a forma da letra J e pode variar seu tamanho de acordo com o grau de plenitude. Apresenta a curvatura maior do estômago à esquerda e a curvatura menor do estômago à direita. Superiormente está ligado ao esôfago pelo esfincter cárdia; logo abaixo e lateralmente está o fundo gástrico. O corpo gástrico ocupa a maior parte do órgão, e o piloro é outro esfincter que regula a passagem do alimento do estômago para o duodeno, primeira porção do intestino delgado.

Anatomia geral e odontológica | 127

1. Esôfago
2. Cárdia
3. Fundo do estômago
4. Curvatura maior do estômago
5. Curvatura menor do estômago
6. Piloro
7. Duodeno
8. Pregas gástricas

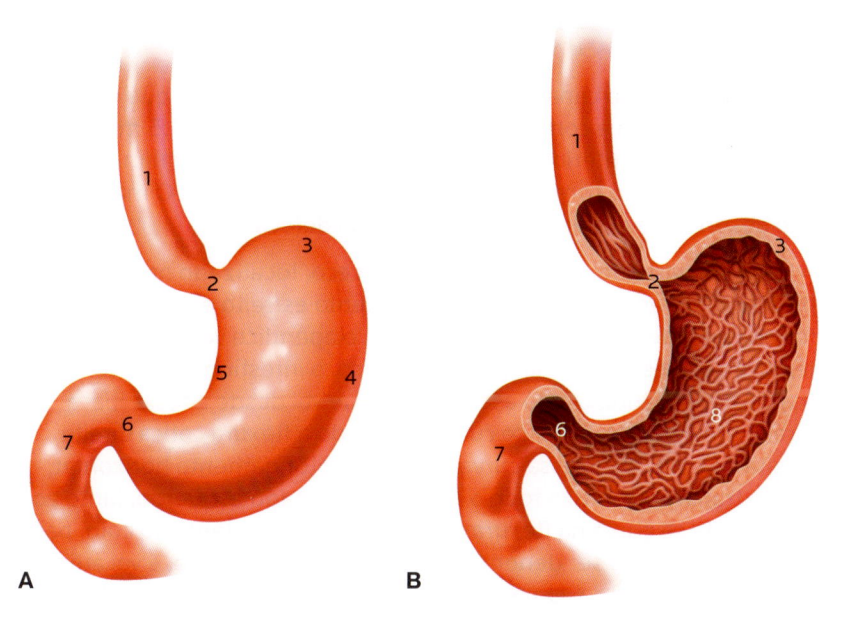

Figura 7.39 – Vista anterior e interior do estômago e segmentos cranial e caudal.
Fonte: Shutterstock.[2,3]

INTESTINO DELGADO

O duodeno é retroperitoneal, tem a forma da letra C e cerca de 25 cm de comprimento (Fig. 7.40). É dividido em três segmentos: o primeiro é o duodeno, local onde ocorre a maior parte da digestão por receber enzimas digestivas tanto do fígado quanto do pâncreas. Os dois outros segmentos são o jejuno e o íleo, que são bastante sinuosos e não possuem limites nítidos entre si. Preenchem quase toda a cavidade abdominal e estão presos ao peritônio (membrana serosa que reveste o abdome). A porção final do íleo, que se comunica com o intestino grosso, é o óstio ileal. No intestino delgado, o quimo passa por digestão mecânica e química.

SAIBA MAIS

Com cerca de 6 m de comprimento, o intestino delgado é a porção mais longa do canal alimentar, na qual ocorre 90% da absorção dos alimentos.

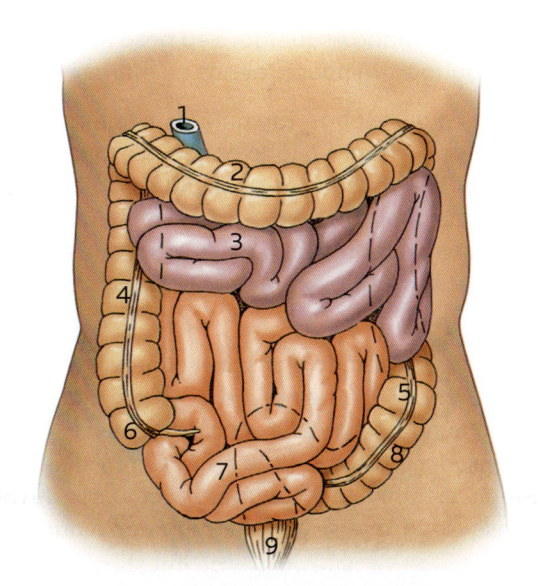

1. Duodeno
2. Colo transverso
3. Jejuno
4. Colo ascendente
5. Colo descendente
6. Ceco
7. Íleo
8. Colo sigmoide
9. Reto

Figura 7.40 – Representação do intestino delgado e do intestino grosso.
Fonte: Martini e colaboradores.[4]

INTESTINO GROSSO (FIG. 7.40)

É a porção final do canal alimentar. Tem diâmetro maior que o do intestino delgado e comprimento de aproximadamente 1,5 m. Possui bactérias no seu interior, as quais promovem a digestão química, e finaliza a digestão com a absorção de água e eletrólitos. O material não absorvido é eliminado no processo da defecação.

A primeira parte do intestino grosso é o ceco, localizado na fossa ilíaca direita. Junto ao ceco há um prolongamento estreito e alongado de fundo cego, de aproximadamente 8 cm, o apêndice vermiforme, que tem função desconhecida. Depois do ceco, o intestino grosso tem um trajeto ascendente, o colo ascendente, que vai desde a fossa ilíaca direita até o fígado, onde se curva formando a flexura cólica direita direita do colo. Após essa curvatura, seu prolongamento horizontal, o colo transverso, cruza todo o abdome até o lado esquerdo, junto ao baço, onde se curva na flexura cólica esquerda esquerda do colo, para baixo, que passa a ser denominado de colo descendente, e vai até a fossa ilíaca esquerda. Uma nova flexura cólica em direção ao plano mediano é denominada de colo sigmoide, que continua com o reto até o canal anal.

Todo o intestino grosso, exceto o reto e o canal anal, apresentam três fitas longitudinais de músculo liso na sua superfície, as tênias do colo. Essas fitas promovem encurtamentos no intestino grosso, denominadas de saculações do colo.

Durante a abordagem do duodeno, foi mencionada a liberação de enzimas digestivas produzidas pelo fígado e pelo pâncreas. A seguir, essas duas glândulas serão resumidamente descritas.

FÍGADO

É a maior glândula e o segundo maior órgão do corpo humano. Pode ser definido tanto como uma glândula exócrina, por liberar secreções no duodeno, como endócrina, uma vez que também libera substâncias no sangue ou nos vasos linfáticos. Localiza-se na cavidade abdominal, abaixo do músculo diafragma, no hipocôndrio direito, e tem uma pequena porção no hipocôndrio esquerdo. Seu peso aproximado é 1,4 kg no homem adulto e um pouco menos na mulher.

O fígado é dividido em quatro lobos. Em uma vista anterior (Fig. 7.41), o lobo hepático direito é o maior, e o lobo hepático esquerdo, o menor. Pela vista inferior (Fig. 7.42), observam-se os outros dois lobos relacionados com o lobo direito, o lobo caudado posterior e o lobo quadrado anterior. Entre e o lobo direito e o quadrado, está a vesícula biliar, uma pequena bolsa de aproximadamente 7 a 10 cm de comprimento (Fig. 7.43).

Bile
Fluido produzido pelo fígado cuja função principal é emulsificar as gorduras, para facilitar sua absorção.

Entre os lobos caudado e quadrado é possível observar a passagem da veia porta, da artéria hepática, de nervos, do ducto hepático e dos linfáticos na porta do fígado. Entre as diversas funções do fígado, a mais conhecida é a produção da bile (800 a 1.000 mL/ dia). A bile produzida no fígado é recolhida dos lobos até chegar aos ductos hepático direito e esquerdo, que se juntam formando o ducto hepático comum.

1. Lobo direito do fígado
2. Lobo esquerdo do fígado
3. Ligamento falciforme
4. Vesícula biliar
5. Ligamento redondo
6. Veia cava
7. A. aorta abdominal

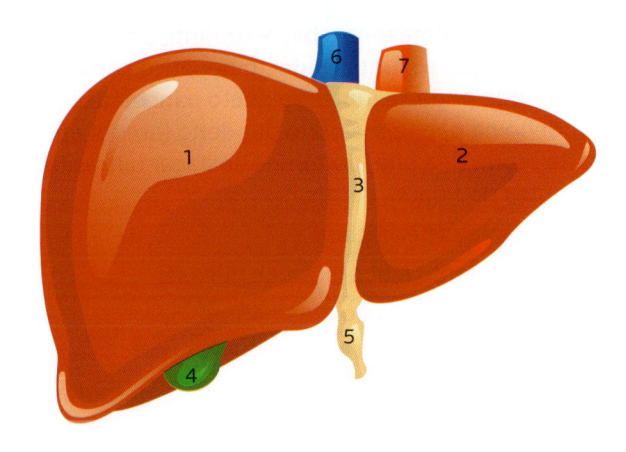

Figura 7.41 – Vista anterior do fígado.
Fonte: Shutterstock.[5]

1. Lobo direito do fígado
2. Lobo esquerdo do fígado
3. Lobo quadrado
4. Lobo caudado
5. Ligamento falciforme
6. Vesícula biliar

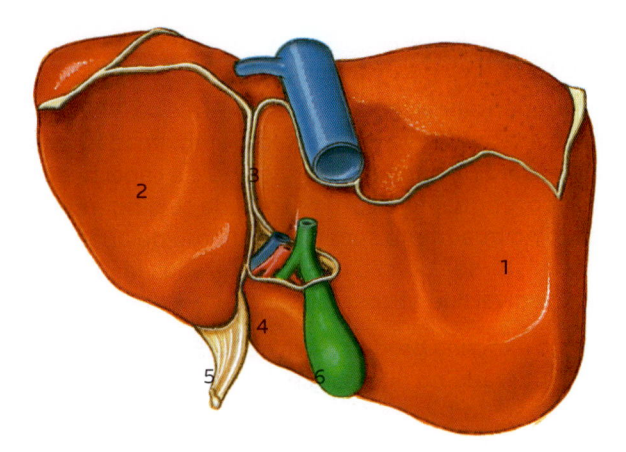

Figura 7.42 – Vista inferior do fígado.
Fonte: Martini e colaboradores.[4]

1. Ducto cístico
2. Ducto hepático
3. Ducto colédoco
4. Fígado
5. Vesícula biliar
6. Pâncreas
7. Duodeno (intestino delgado)

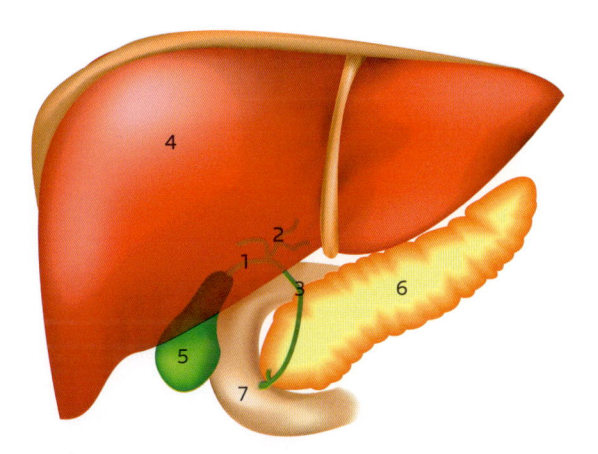

Figura 7.43 - Vias biliares.
Fonte: Shutterstock.[6]

A vesícula biliar armazena a bile e durante a digestão a libera pelo ducto cístico, que se junta ao ducto hepático comum formando o ducto colédoco, que pode se juntar ao ducto pancreático para desembocar no duodeno na papila maior do duodeno (ampola hepatopancreática). Além de produzir a bile, podemos destacar outras funções importantes do fígado, como:

- destruição das hemácias;
- armazenamento e liberação de glicose;
- síntese de proteínas do plasma;
- síntese do colesterol;
- lipogênese (produção de triglicérides – gorduras);
- conversão de amônia em ureia;
- produção do anticoagulante heparina e de proteínas plasmáticas, como a protrombina, o fibrinogênio e a albumina;
- destruição ou transformação de substâncias tóxicas, como a amônia, que é transformada em ureia; etc.

PÂNCREAS (FIG. 7.43)

Órgão retroperitoneal, está localizado atrás da curvatura maior do estômago e tem forma alongada com aproximadamente 15 cm de comprimento. Sua porção mais dilatada é a cabeça, posicionada junto ao duodeno, enquanto o corpo e a cauda se dirigem para o baço localizado no quadrante superior esquerdo do abdome. Por ser uma glândula mista, sua porção endócrina produz insulina e glucagon, que regulam os níveis de glicose do sangue.

Sua porção exócrina produz cerca de 1.250 mL de suco pancreático/dia, que é liberado no duodeno pelo ducto pancreático. Esse ducto geralmente se une ao ducto colédoco (Fig. 7.43) antes de desembocar no duodeno. Em alguns casos, pode haver o ducto pancreático acessório, que desemboca no duodeno de forma independente.

8

Sistema respiratório

PAULO HENRIQUE FERREIRA CARIA
MIGUEL CARLOS MADEIRA

Respirar significa receber oxigênio (O_2) e eliminar dióxido de carbono (CO_2). É um processo de trocas gasosas que ocorre em nível celular: as células incorporam o oxigênio levado até elas pelo sangue e liberam, também no sangue, o CO_2 resultante de seu metabolismo. Como o CO_2 não interessa ao sangue, ele é levado aos pulmões para uma nova troca gasosa. Nessa respiração pulmonar, o CO_2 é expirado e o oxigênio é inspirado para recarregar ou purificar o sangue.

Na inspiração, o ar é levado aos pulmões por meio dos seguintes órgãos tubulares condutores, dispostos sequencialmente: nariz, cavidade nasal, faringe, laringe, traqueia e brônquios. Os brônquios penetram nos pulmões e se ramificam sucessivamente até formar os bronquíolos respiratórios, que terminam em diminutos sáculos alveolares (Fig. 8.1). É nesse nível que ocorre a **hematose**.

OBJETIVOS DE APRENDIZAGEM

- Conceituar e identificar as partes do sistema respiratório
- Reconhecer os elementos constituintes do sistema respiratório
- Conhecer o caminho percorrido pelo ar durante a respiração

SAIBA MAIS

Os sistemas circulatório e respiratório trabalham associados e em mútua colaboração nos processos da respiração celular e da respiração pulmonar.

Hematose

Troca de gases com os capilares sanguíneos que ocorre nos pulmões.

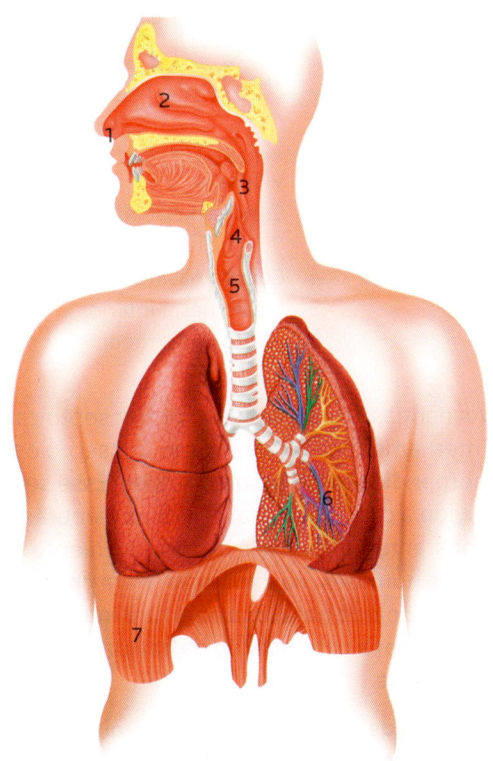

Figura 8.1 – Sistema respiratório.
Fonte: Shutterstock.[1]

1. Nariz
2. Cavidade nasal
3. Faringe
4. Laringe
5. Traqueia
6. Brônquios
7. Músculo diafragma

NARIZ E CAVIDADE NASAL

Vestíbulo do nariz

Área interna coberta de pelos (vibrissas) que servem como filtragem inicial do ar inspirado.

O nariz é formado por cartilagens e também por ossos na parte alta do dorso. Tem a forma aproximada de uma pirâmide com base inferior, na qual há duas aberturas para a passagem do ar: as narinas, que dão acesso ao **vestíbulo do nariz**. A filtração também ocorre na mucosa da cavidade nasal, que é permanentemente umedecida pelo muco produzido por glândulas submucosas, ao qual partículas de pó e microrganismos se aderem.

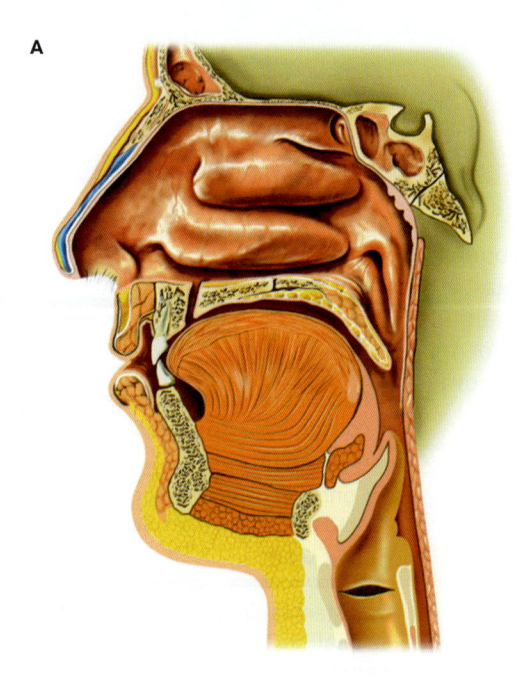

Figura 8.2 – Vista medial de um corte sagital da cabeça. (A) Septo nasal foi removido para observação das conchas nasais e meatos nasais. (B) Imagem com ênfase na cavidade nasal.

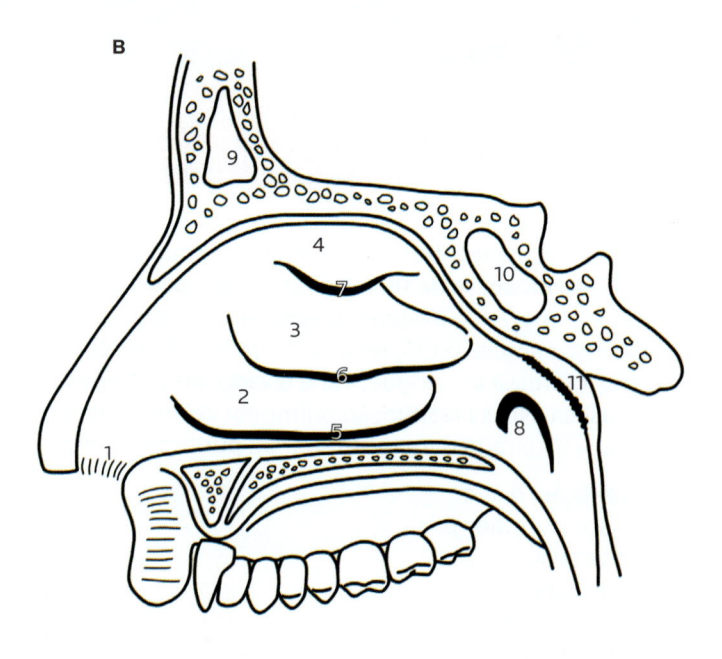

1. Vibrissas
2. Concha nasal inferior
3. Concha nasal média
4. Concha nasal superior
5. Meato nasal inferior
6. Meato nasal médio
7. Meato nasal superior
8. Óstio faríngeo da tuba auditiva
9. Seio frontal
10. Seio esfenoidal
11. Tonsila faríngea

As narinas são separadas por um septo cartilagíneo, que mais internamente continua como um septo ósseo (ossos: vômer e lâmina perpendicular do osso etmoide). Esse septo nasal osteocartilagíneo divide a cavidade nasal em duas câmaras. A cavidade nasal está constantemente cheia de ar proveniente do exterior, na inspiração, e dos pulmões, na expiração. Para chegar dos pulmões a ela, é preciso que haja uma abertura interna – são os **cóanos**, que permitem a continuação da cavidade nasal com a parte nasal da faringe.

A cavidade nasal também se comunica com os **seios paranasais**, que são espaços revestidos por mucosa e permanentemente cheios de ar, no interior dos ossos frontal, esfenoide, etmoide e maxila.

Essa comunicação é feita pelos óstios situados nos meatos, que são espaços delimitados pelas três conchas nasais ósseas (inferior, média e superior). Essas conchas se projetam da parede lateral da cavidade nasal, ampliando assim a área da mucosa, que também as reveste. A maior das três é a concha nasal inferior, formada por um osso homônimo, independente. A média e a superior fazem parte do osso etmoide.

Os espaços alongados entre as **conchas nasais** são os **meatos** (inferior, médio e superior) (Fig. 8.2), que facilitam a passagem do ar. O meato nasal inferior, o maior deles, localiza-se entre o soalho da cavidade nasal, que é formado pelo palato, na concha nasal inferior, se abre o ducto lacrimonasal, condutor de lágrimas.

FARINGE

A faringe é um tubo vertical, alongado, fechado em cima, mas aberto três vezes na frente e uma embaixo para dar continuidade ao trato digestório, do qual também faz parte (Fig. 8.3). As três aberturas anteriores a colocam em comunicação, respectivamente, de cima para baixo, com a cavidade nasal, a cavidade bucal e a laringe. As porções da faringe que contêm essas comunicações são conhecidas como parte nasal, parte bucal e parte laríngea da faringe.

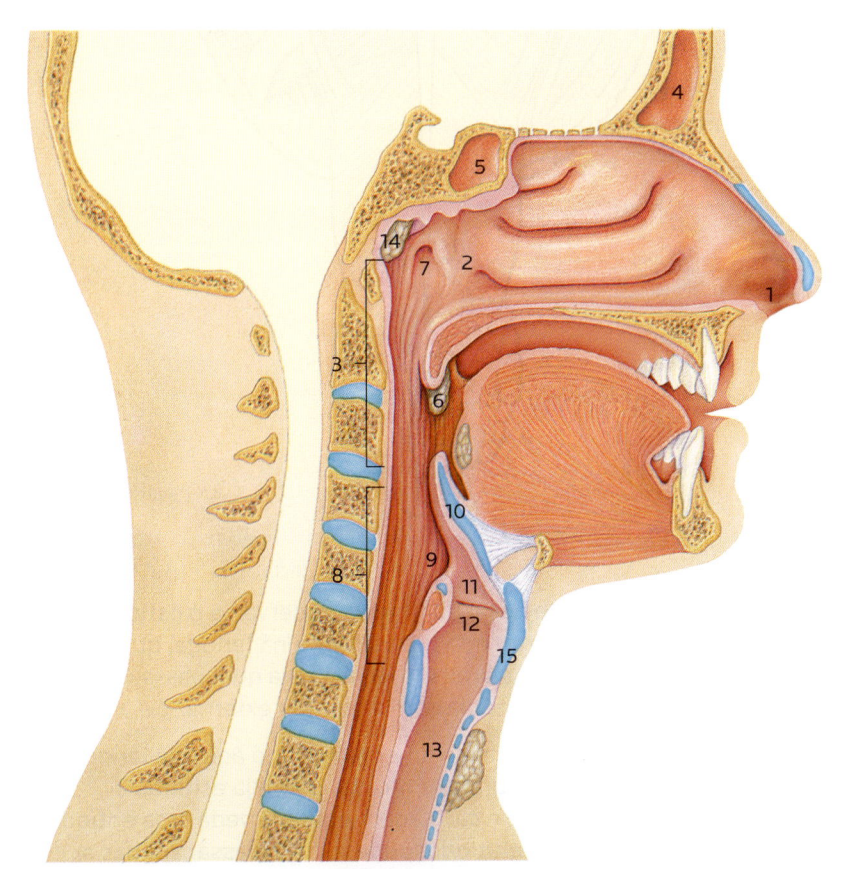

1. Vestíbulo do nariz
2. Cóanos
3. Faringe
4. Seio frontal
5. Seio esfenoidal
6. Tonsila palatina
7. Óstio faríngeo da tuba auditiva
8. Laringe
9. Adito da laringe
10. Cartilagem epiglote
11. Pregas vocais
12. Pregas vestibulares
13. Traqueia
14. Tonsila faríngea
15. Cartilagem tireoide

Figura 8.3 – Vista posterior da faringe.
Fonte: Marieb e Hoehn.[2]

Na sua comunicação com a cavidade bucal, por meio do **istmo da garganta**, há um corpo de tecido linfoide, a **tonsila palatina**, que se dispõe entre os **arcos palatoglosso** e **palatofaríngeo**. A **tonsila lingual**, na **raiz da língua**, também faz parte dessa área.

A faringe é musculomembranosa: sua mucosa interna é contínua com as mucosas da laringe e da traqueia; seus músculos são esqueléticos. Três deles (na realidade seis, pois são pares) têm ação constritiva, isto é, apertam ou estreitam. São eles os **constritores superior**, **médio** e **inferior da faringe** (Fig. 8.4), que formam sua parede lateral e posterior e unem-se com os do lado oposto por meio de um cordão fibroso que se interpõe, chamado rafe da faringe. Esse tipo de ação está mais relacionada com a passagem de alimentos do que, propriamente, com a respiração. Os outros dois pares de músculos, estilofaríngeo e palatofaríngeo, apresentam disposição longitudinal e agem na elevação da faringe.

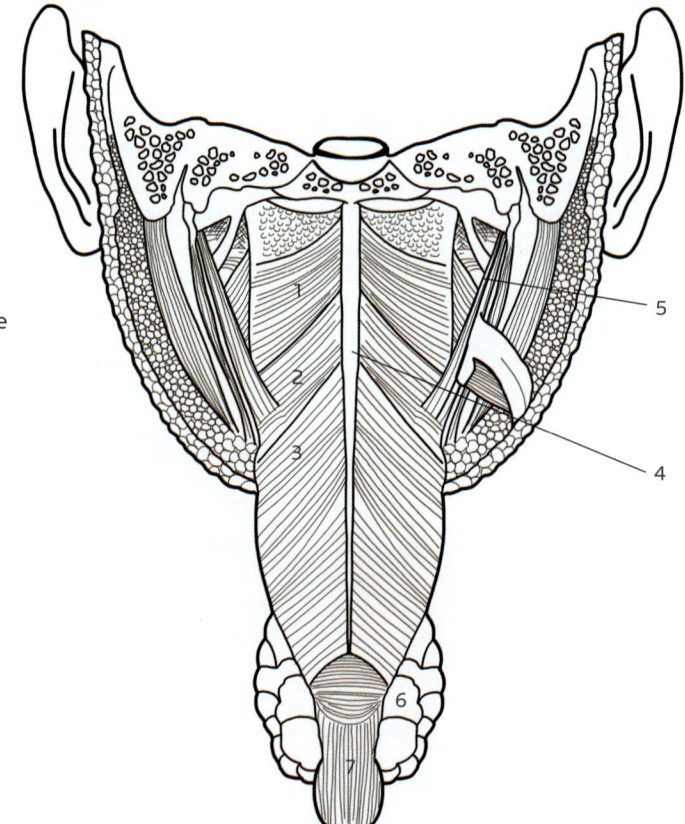

1. M. constritor superior da faringe
2. M. constritor médio da faringe
3. M. constritor inferior da faringe
4. Rafe faríngea
5. M. estilofaríngeo
6. Glândula tireoide
7. Esôfago

Fig. 8.4 – Vista posterior dos músculos da faringe.

Na parede lateral da parte nasal da faringe, observa-se o **óstio faríngeo da tuba auditiva**, uma abertura da tuba auditiva na faringe, que põe em comunicação a faringe com a orelha média e pela qual passa o ar para igualar a pressão da orelha média com a pressão externa.

A parte laríngea da faringe fica justamente atrás do ádito da laringe, que corresponde à sua abertura ou entrada. Quem já estudou o sistema digestório, sabe que a cartilagem epiglote veda essa entrada quando o indivíduo está deglutindo; por ela, deve passar apenas ar.

LARINGE

Este órgão é o responsável por produzir sons através da passagem de ar. Apresenta um esqueleto formado por nove cartilagens (três ímpares, três pares) unidas entre si por músculos e ligamentos. (Figs. 8.5 e 8.6)

O fechamento da laringe dá-se pela elevação da laringe ao mesmo tempo em que a cartilagem epiglote é movimentada para trás pela ação da língua e dos músculos aritenóideo oblíquo, ariepiglótico e tireoepiglótico para selar o ádito da laringe. Isso previne a entrada de sólidos e líquidos nas vias respiratórias.

A **epiglote** lembra em aspecto uma folha de árvore com seu pecíolo, que se estreita gradativamente para se fixar pelo ligamento tireoepiglótico à superfície posterior da **proeminência laríngea**. A epiglote é uma das três cartilagens ímpares da laringe – há também três cartilagens pares, e todas elas são unidas entre si por músculos e ligamentos. Esse conjunto é unido à traqueia inferiormente, e ao osso hioide superiormente.

A cartilagem que se liga ao hioide é a tireóidea, por meio da membrana tíreo-hióidea, que é reforçada externamente pelo ligamento tíreo-hióideo. Na anatomia de superfície, uma saliência mediana, a proeminência laríngea, aparece com destaque na parte anterior do pescoço, notadamente nos homens.

A **cartilagem tireóidea** apresenta forma de arco, com abertura posterior, tendo nas extremidades ou bordas posteriores duas expansões, uma acima e outra abaixo: são os cornos superior e inferior. O superior liga-se ao corno maior do osso hioide, e o corno inferior, a uma terceira cartilagem ímpar em forma de aro, a cricóidea, formando a articulação sinovial cricotireóidea. A **cartilagem cricóidea** tem seu arco, que é a curvatura anterior, mais baixa, e a lâmina, posterior e mais alta. Essas duas maiores cartilagens, a **tireóidea** e a **cricóidea**, são unidas pelo ligamento cricotireóideo.

As três cartilagens pares são a **aritenóidea**, a **corniculada** e a **cuneiforme**, sendo as duas últimas muito pequenas. A cartilagem aritenóidea, de forma piramidal, constitui com a cricóidea a articulação cricoaritenóidea e possui três projeções, que são o processo vocal (inserção do ligamento vocal), o processo muscular (inserção dos músculos cricoaritenóideos lateral e posterior) e o ápice (articulação com a pequena cartilagem corniculada).

Examinando um paciente com o auxílio de um laringoscópio, ou examinando, por cima, uma laringe anatomicamente preparada, vê-se o par de pregas vestibulares, de função protetora, logo abaixo de um espaço denominado vestíbulo da laringe. Durante a deglutição, as pregas vestibulares se fecham (adução) para ajudar a função da epiglote; fecham-se também na tosse e na defecação, para que seja aumentada a pressão torácica.

Dispõem-se abaixo e paralelamente (anteroposteriormente) às pregas vestibulares um outro par de pregas, as pregas vocais, cuja movimentação de distensão, abdução e adução produz sons por meio da passagem de ar. Uma depressão entre as pregas de cima e as de baixo leva o nome de ventrículo da laringe. As pregas vocais se prendem na cartilagem tireóidea, à frente, e nas cartilagens aritenóideas, atrás. O espaço existente entre as pregas vocais chama-se **glote**.

SAIBA MAIS

A proeminência laríngea é conhecida popularmente como pomo de adão.

SAIBA MAIS

As pregas vocais do homem são mais longas e espessas, o que lhe dá um tom de voz mais grave, resultado de uma frequência vibratória mais baixa. Pregas vocais mais curtas emitem sons mais agudos, como na mulher e na criança (ver Fig. 8.3).

SAIBA MAIS

A epiglote e as cartilagens corniculadas são constituídas de fibrocartilagem elástica e assim permanecem por toda vida. Ao contrário, as cartilagens tireóidea, cricóidea e aritenóidea são hialinas e tendem a se calcificar a partir da segunda década da vida.

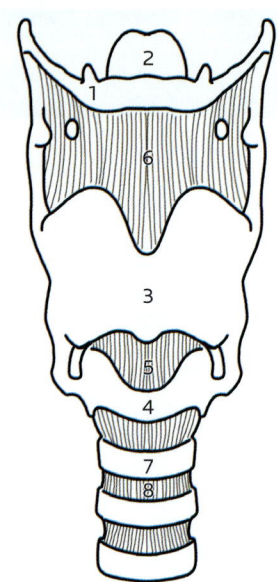

1. Osso hioide
2. Cartilagem epiglote
3. Cartilagem tireoide (proeminência laríngea)
4. Cartilagem cricoide
5. Ligamentocricotireóideo
6. Ligamento tireóideo
7. Anel traqueal
8. Ligamento anelar

Figura 8.5 – Vista anterior da laringe e parte da traqueia.

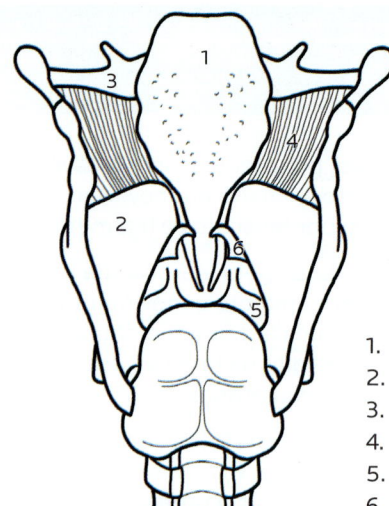

1. Cartilagem epiglote
2. Cartilagem tireoide
3. Osso hioide
4. Membrana tíreo-hióidea
5. Cartilagem aritenóidea
6. Cartilagem corniculada
7. Anel traqueal
8. Ligamento anelar

Figura 8.6 – Vista posterior da laringe e parte da traqueia.

TRAQUEIA

Continuando a sequência dos órgãos ou o caminho do ar inspirado, chega-se agora à traqueia, um tubo de aproximadamente 12 cm de comprimento, composto de cartilagens traqueais sobrepostas e unidas entre si por membranas fibroelásticas, os ligamentos anulares (Fig. 8.7). Cada uma dessas cartilagens tem a forma de "C", sendo que a parte aberta da letra é fechada pelo músculo traqueal mais tecido conectivo e fica encostada no esôfago, situado posteriormente. Essa parede membranácea da traqueia, assim chamada, é distensível, o que permite que o esôfago se expanda em direção a ela durante a passagem do bolo alimentar.

LEMBRETE

Diferentemente da faringe do esôfago, a estrutura cartilagínea da traqueia permite que ela permaneça sempre aberta ou desimpedida para a passagem do ar, e nunca colabada.

A traqueia se inicia no pescoço e termina no tórax, daí sua divisão em parte cervical e parte torácica. Esta última bifurca-se em **brônquios principais**, na altura da sexta vértebra torácica (T6). Ajudando a separar os brônquios, um relevo em forma de crista apresenta-se na luz da traqueia, no nível da última cartilagem traqueal – é a **carina da traqueia**.

BRÔNQUIOS

Os dois brônquios principais, divisão da traqueia, encaminham-se para os pulmões direito e esquerdo, os quais adentram pelos seus **hilos**. O brônquio principal direito é mais calibroso, mais curto e menos inclinado (mais verticalizado).

Uma vez invadidos os pulmões, os brônquios principais dividem-se sucessivamente em **brônquios lobares** (para cada lobo pulmonar) e **segmentares** (derivados dos lobares, para cada segmento broncopulmonar), que originam os **bronquíolos terminais** e destes, finalmente, os **bronquíolos respiratórios**. Estes últimos abrem-se em dúctulos alveolares, e estes, nos diminutos sáculos de fundo cego e paredes finas nas quais as trocas gasosas com o sangue acontecem (o O_2 do ar com o CO_2 do sangue).

> **SAIBA MAIS**
>
> À medida que se ramificam, os brônquios vão perdendo a cartilagem de sua estrutura e ganhando mais musculatura lisa. Suas paredes podem, então, se contrair e diminuir o lume dos brônquios, dificultando a respiração, como acontece na asma e na alergia.

PULMÕES

Os pulmões são dois órgãos torácicos, esponjosos, cônicos quanto à forma geral, presos à traqueia e ao coração (Fig. 8.7). A base apoia-se no diafragma, e a extremidade superior afilada ou **ápice** alcança o nível da base do pescoço. O coração, parte da traqueia e dos brônquios e o esôfago ficam entre eles, ocupando um espaço conhecido como **mediastino**.

Descreve-se no pulmão uma face costal, porque está em contato com as costelas, e uma face mediastinal, voltada para o mediastino. É nela que se encontra uma abertura denominada hilo do pulmão, que é atravessado pelos elementos do pedículo pulmonar: brônquios, vasos sanguíneos e linfáticos e nervos.

O pulmão direito, com suas fissuras horizontal e oblíqua, por isso mesmo tem três lobos (superior, médio e inferior). A única fissura do pulmão esquerdo (oblíqua) o divide em lobos superior e inferior. Além disso, internamente, os pulmões são divididos em segmentos broncopulmonares, os quais recebem seus brônquios segmentares. Esse fato tem grande importância clínica, já que patologias pulmonares geralmente se limitam a segmentos broncopulmonares específicos, sendo, assim, possível a remoção destes sem remover o pulmão em sua totalidade.

1. Traqueia
2. Cartilagem traqueal
3. Brônquio principal
4. Carina da traqueia
5. Brônquio lobar
6. Pulmão
7. Base do pulmão
8. Ápice do pulmão
9. Fissura horizontal
10. Fissura oblíqua
11. Lobo superior
12. Lobo médio
13. Lobo inferior

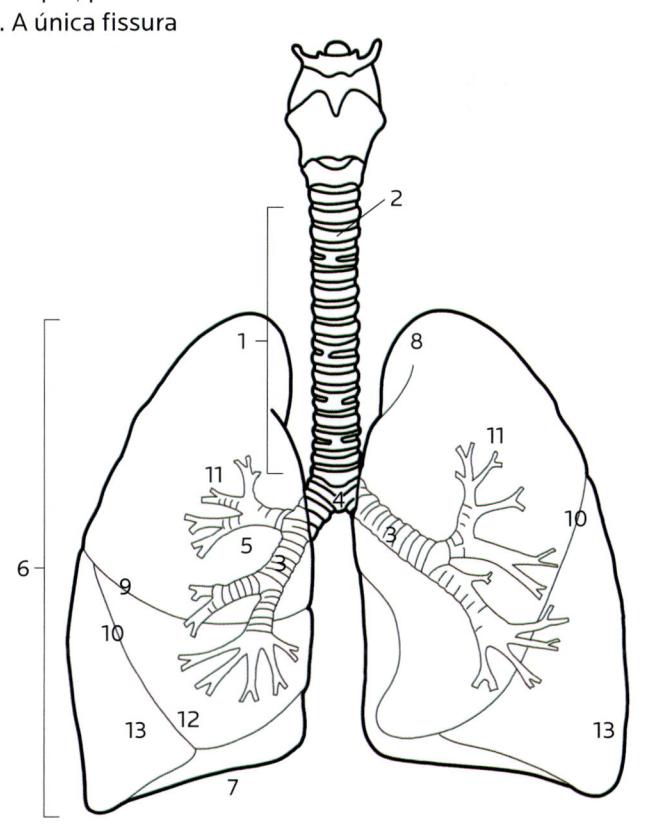

Figura 8.7 – Representação esquemática da traqueia e pulmões.

A **pleura visceral** reveste o pulmão (entrando pelas fissuras e revestindo os lobos), e a **pleura parietal** reveste a cavidade torácica. Entre ambas, é formada a cavidade pleural, preenchida por um líquido lubrificante que facilita a movimentação pulmonar durante a **ventilação pulmonar**, ou seja, os movimentos respiratórios de entrada e saída do ar. Para a entrada do ar, é preciso que haja contração do músculo diafragma, com movimento para baixo, a fim de ampliar a capacidade da cavidade torácica. Na expiração, ocorre o contrário – o músculo se relaxa.

9

Sistema genital

PAULO HENRIQUE FERREIRA CARIA
CRISTINA PAULA CASTANHEIRA
ANA CLÁUDIA ROSSI
MIGUEL CARLOS MADEIRA

SISTEMA GENITAL FEMININO

Basicamente, as funções do sistema genital feminino são produzir óvulos; secretar hormônios sexuais; receber os espermatozoides do homem durante o coito; fornecer os locais para fertilização, desenvolvimento embrionário e fetal; bem como oferecer condições para o parto e para a posterior nutrição do bebê. Para promover essas funções, o sistema genital feminino é composto por órgãos externos e internos, que serão descritos a seguir.

O conjunto dos órgãos genitais femininos externos é denominado **pudendo feminino** (Fig. 9.1). O monte do púbis consiste em uma elevação mediana localizada anteriormente à sínfise púbica que apresenta em sua composição tecido adiposo. Após a puberdade, apresenta pelos espessos que se dispõem de forma característica.

OBJETIVOS DE APRENDIZAGEM

- Conceituar e identificar as partes do sistema genital feminino e masculino
- Reconhecer os elementos constituintes do sistema genital feminino e masculino.

1. Monte do púbis
2. Lábios maiores do pudendo
3. Lábios menores do pudendo
4. Óstio externo da uretra
5. Óstio da vagina
6. Clitóris
7. Ânus

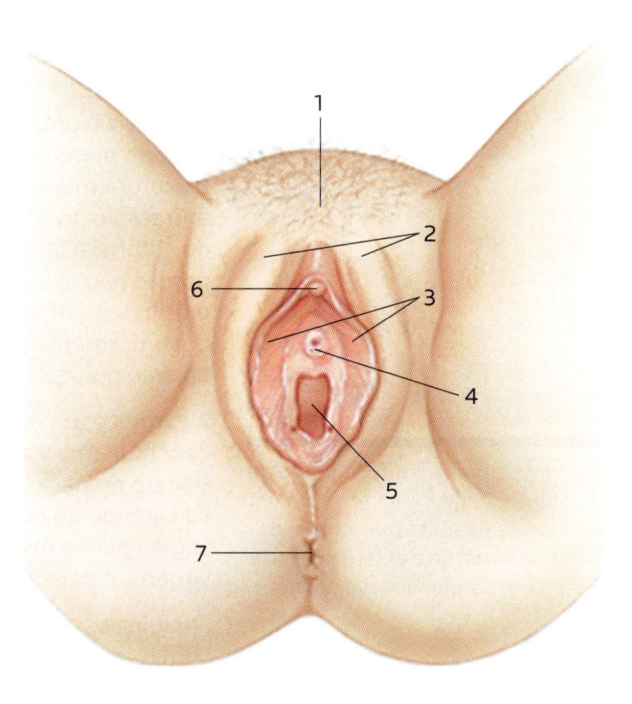

Figura 9.1 – Vista anterior do pudendo feminino.
Fonte: Marieb e Hoehn.[1]

> **SAIBA MAIS**
>
> Os lábios maiores do pudendo apresentam numerosas glândulas sebáceas e sudoríferas, sendo, assim, homólogos ao escroto do homem e funcionam encobrindo e protegendo os outros órgãos.

Os **lábios maiores do pudendo** são estruturas alongadas sob a forma de duas pregas cutâneas longitudinais que delimitam uma fenda denominada rima do pudendo. Apresentam-se cobertos por pelos e com bastante pigmentação após a puberdade. As faces internas dos lábios maiores são lisas e sem pelos.

Os **lábios menores do pudendo** são duas pregas cutâneas pequenas, localizadas medialmente aos lábios maiores do pudendo. Não apresentam pelos, mas contêm glândulas sebáceas. Os lábios menores se fundem na região mais anterior para formar o **prepúcio do clitóris**, uma prega em forma de capuz que recobre parcialmente o clitóris. O espaço entre essas pequenas pregas é chamado de vestíbulo da vagina.

No vestíbulo da vagina, encontram-se as seguintes estruturas, as quais são protegidas pelos lábios menores do pudendo: óstio externo da uretra, óstio da vagina e orifícios dos ductos das glândulas vestibulares. O óstio externo da uretra está aproximadamente 2,5 cm abaixo da glande do clitóris e imediatamente acima do óstio da vagina. Durante a excitação sexual, o óstio da vagina é lubrificado por secreções das glândulas vestibulares maiores e menores localizadas na parede dos lábios menores, bem próxima do óstio da vagina.

As **glândulas vestibulares maiores** são duas, dispostas profundamente, abrindo seus ductos nas proximidades do vestíbulo da vagina. Essas glândulas secretam um muco durante a relação sexual que tem por função lubrificar a porção inferior da vagina. As **glândulas vestibulares menores** apresentam-se em número variável, e seus ductos desembocam na região do vestíbulo da vagina. Assim, as glândulas, de modo geral, produzem secreção no início da cópula para que as estruturas tornem-se úmidas e propícias à relação sexual.

As estruturas eréteis femininas são aquelas compostas por tecido erétil, que se dilatam como resultado do ingurgitamento sanguíneo. Corpos de tecido erétil vascular, denominados **bulbos do vestíbulo**, estão localizados imediatamente sob a pele que forma as paredes laterais do vestíbulo da vagina e estão separados um do outro pela vagina e pela uretra, estendendo-se do nível do óstio da vagina ao clitóris.

O **clitóris** é uma pequena projeção arredondada na porção superior da rima do pudendo, na junção anterior dos lábios menores. Estruturalmente, o clitóris corresponde ao pênis no homem, sendo, entretanto, muito menor e sem a uretra. Apresenta exposta a glande do clitóris, a qual é ricamente inervada com terminações sensitivas. A porção não exposta do clitóris é composta de duas colunas de tecido erétil, denominadas corpos cavernosos do clitóris, que se dirigem posteriormente para formar os ramos do clitóris e se fixarem nos lados do arco púbico.

> **Hímen**
>
> Membrana pouco espessa de tecido conectivo, com abertura em forma de meia-lua, forrada por mucosa interna e externamente e com pequena vascularização.

A **vagina** é um órgão genital feminino interno da cópula. Além disso, constitui uma via para a menstruação e também permite a passagem do feto no parto. A vagina apresenta cerca de 9 cm de comprimento e se estende do colo do útero até o vestíbulo da vagina. A abertura da vagina para o meio externo é o óstio da vagina, o qual, nas mulheres virgens, é parcialmente obliterado pelo **hímen**.

A vagina está localizada entre a bexiga urinária e o reto e é contínua com o canal do colo do útero. O canal do parto é composto pela vagina

Anatomia geral e odontológica

e pela cavidade do útero e possibilita a passagem do feto no momento do nascimento. O colo do útero fixa-se à vagina em um ângulo aproximado de 90 graus. O fórnice da vagina constitui uma parte em contato com a região do colo do útero. Nessa região, pode haver alojamento de espermatozoides.

A parede da vagina é composta por três camadas: a **túnica mucosa** (interna), a **túnica muscular** (média) e a **túnica fibrosa** (externa). A túnica mucosa apresenta uma série de pregas transversais chamadas de rugas vaginais, que permitem a distensão da vagina para a penetração do pênis ereto. Além disso, apresenta um muco ácido que inibe a proliferação de microrganismos.

O **útero** é o órgão em que o embrião aloja-se e desenvolve-se até o nascimento. Está localizado em posição anterior ao reto e posterosuperiormente à bexiga urinária. O útero possui uma cavidade envolvida por espessa musculatura com a forma de uma pera invertida. É composto por uma porção mais superior em forma de cúpula, por onde entram as tubas uterinas, chamada fundo do útero. A porção maior e mais larga é o corpo do útero (Fig. 9.2).

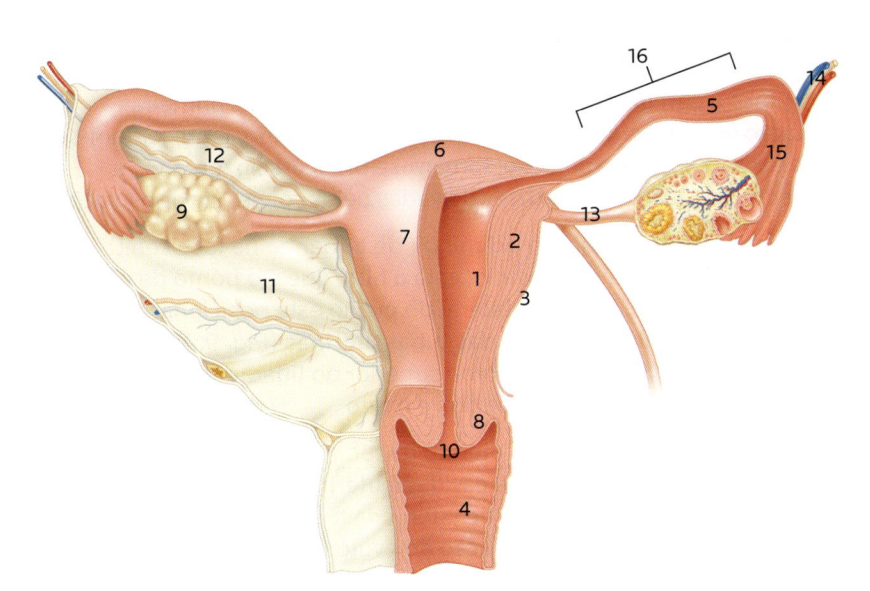

SAIBA MAIS

O sêmen possui elementos aditivos que neutralizam a acidez da vagina temporariamente para promover a sobrevivência dos espermatozoides depositados em seu interior.

Figura 9.2 – Vista posterior do útero.
Fonte: Marieb e Hoehn.[1]

1. Túnica mucosa
2. Túnica muscular (média)
3. Túnica fibrosa (externa)
4. Rugas vaginais no canal vaginal
5. Tubas uterinas
6. Fundo do útero
7. Corpo do útero
8. Colo do útero
9. Ovário
10. Óstio do útero
11. Ligamento largo do útero
12. Mesovário
13. Ligamento útero-ovárico
14. Ligamento suspensor do ovário
15. Infundíbulo da tuba uterina
16. Ampola da tuba uterina

O colo do útero projeta-se posterior e inferiormente unindo-se à vagina quase em ângulo reto. O estreito canal do colo do útero se estende pelo colo e se abre no lume da vagina. A junção da cavidade do útero com o canal do colo do útero é chamada de istmo do útero, e a abertura do canal do colo é o óstio do útero. Esse órgão é envolvido pelo ligamento largo do útero, que é uma prega transversal formada pelo peritônio, a qual, após recobrir a bexiga, reflete-se do soalho e das paredes laterais da pelve sobre o útero (Fig. 9.2). O ligamento largo do útero divide a cavidade pélvica em dois espaços:

- a escavação vesicouterina, compartimento anterior disposto entre a bexiga e o reto;
- a escavação retouterina, compartimento posterior disposto entre o útero e o reto.

SAIBA MAIS

Em razão de sua disposição, o ligamento largo do útero acompanha o útero quando este aumenta de volume no período gestacional.

A parede do útero é composta por três camadas, de mais externa para mais interna: perimétrio, miométrio e endométrio. O **perimétrio** é constituído pelo peritônio, envolvendo externamente o útero. O **miométrio**, a camada mais espessa, é constituído por fibras musculares lisas, sendo os músculos dessa camada estimulados a se contrair vigorosamente. O miométrio é mais espesso no fundo do útero e mais fino no colo do útero. O **endométrio** é a região que é preparada mensalmente para a implantação do óvulo fecundado, sendo assim, passa por modificações com a fase do ciclo menstrual. Dessa forma, ocorre aumento de seu volume com formação de muitas redes capilares. Caso não haja fecundação, ocorre a menstruação.

Menstruação
Fenômeno oriundo da descamação do endométrio, com eliminação sanguínea pela vagina.

Os **ovários** (Fig. 9.2) localizam-se na cavidade pélvica entre a bexiga e o reto, na escavação retouterina. Esses órgãos produzem os óvulos e também hormônios, que por sua vez controlam o desenvolvimento dos caracteres sexuais secundários e atuam sobre o útero nos mecanismos de implantação do óvulo fecundado e início do desenvolvimento do embrião. Os ovários fixam-se pelo **mesovário** (Fig. 9.2) à face posterior do ligamento largo do útero, porém, não são revestidos pelo peritônio. Por estarem fixados à face posterior do ligamento largo do útero, os ovários acompanham o útero na gravidez.

Cada ovário é ainda mantido em posição pelo ligamento útero-ovárico, que está ancorado ao útero, e pelo ligamento suspensor do ovário, que está preso à parede da pelve. São órgãos que, antes da primeira ovulação (expulsão do óvulo pela superfície do ovário), apresentam-se lisos e rosados, mas, após isso, tornam-se branco-acinzentados e rugosos, em razão das cicatrizes deixadas pelas consecutivas ovulações.

Tubas uterinas
Estruturas responsáveis pelo transporte dos ovócitos do ovário para a cavidade do útero.

Os ovários também tendem a diminuir de tamanho na fase senil. Na porção medial de cada ovário, está o **hilo**, que é o ponto de entrada dos vasos e nervos. A porção lateral do ovário está posicionada próximo à extremidade aberta das **tubas uterinas** (Fig. 9.2). Essas estruturas estão incluídas na borda superior do ligamento largo do útero, localizando-se entre a bexiga e o reto.

LEMBRETE
Por estarem incluídas no ligamento largo do útero, as tubas uterinas acompanham o útero na gravidez.

Nas tubas uterinas, há o óstio uterino da tuba, abertura na extremidade medial que se comunica com a cavidade uterina, e o óstio abdominal da tuba, abertura na extremidade lateral da tuba que se comunica com a cavidade peritoneal para captação do óvulo liberado pelo ovário.

A tuba uterina apresenta-se formada pela parte terminal aberta e em forma de funil, o **infundíbulo (Fig. 9.2)**, e encontra-se próxima ao ovário, mas não está fixa. Várias franjas, saliências semelhantes a dedos denominadas fímbrias, projetam-se das margens do infundíbulo sobre a face lateral do ovário. Movimentos ondulatórios das fímbrias captam um ovócito ovulado para o lume da tuba uterina. Do infundíbulo, a tuba uterina se estende medial e inferiormente para se abrir na cavidade do útero.

A **ampola (Fig. 9.2)** da tuba uterina é sua porção mais longa e larga. É na ampola que normalmente o espermatozoide, que se movimentou em direção oposta, fecunda o óvulo. O zigoto resultante da fertilização é depois conduzido à cavidade uterina. Se o embrião em desenvolvimento implanta-se na tuba uterina em vez de fazê-lo no útero, a gravidez é denominada ectópica. Nas Figura 9.3 podem ser vistas as estruturas a partir de corte sagital da pelve feminina e, na Figura 9.4, a vista medial do corte sagital da pelve feminina.

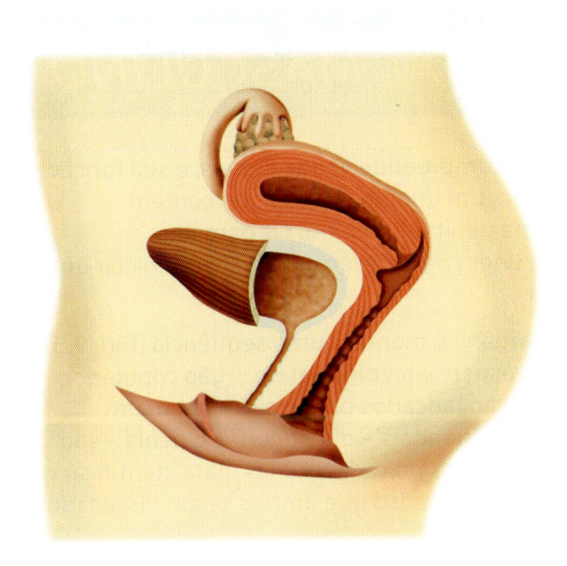

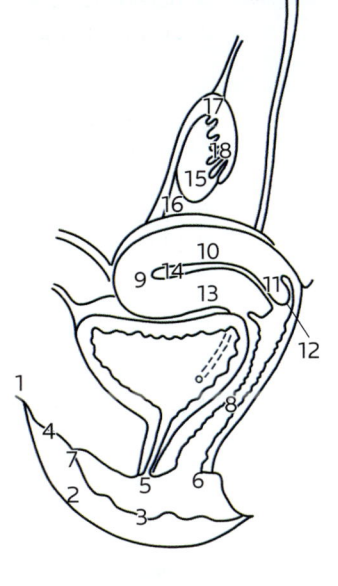

Anatomia geral e odontológica

1. Monte do púbis
2. Lábios maiores do pudendo
3. Rima do pudendo
4. Lábios menores do pudendo
5. Óstio externo da uretra
6. Óstio da vagina
7. Clitóris
8. Canal vaginal
9. Fundo do útero
10. Corpo do útero
11. Colo do útero
12. Óstio do útero
13. Miométrio
14. Endométrio
15. Ovário
16. Tuba uterina
17. Infundíbulo
18. Fímbrias

Figura 9.3 – Estruturas vistas a partir de corte sagital da pelve feminina.

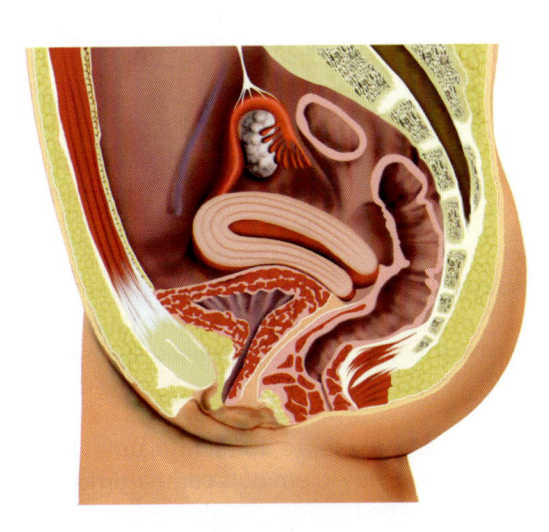

1. Monte do púbis
2. Lábios maiores do pudendo
3. Lábios menores do pudendo
4. Óstio externo da uretra
5. Óstio da vagina
6. Canal vaginal
7. Fundo do útero
8. Corpo do útero
9. Colo do útero
10. Óstio do útero
11. Miométrio
12. Endométrio
13. Ovário
14. Tuba uterina
15. Fímbrias da tuba uterina
16. Reto
17. Ânus
18. Vértebras coccígeanas

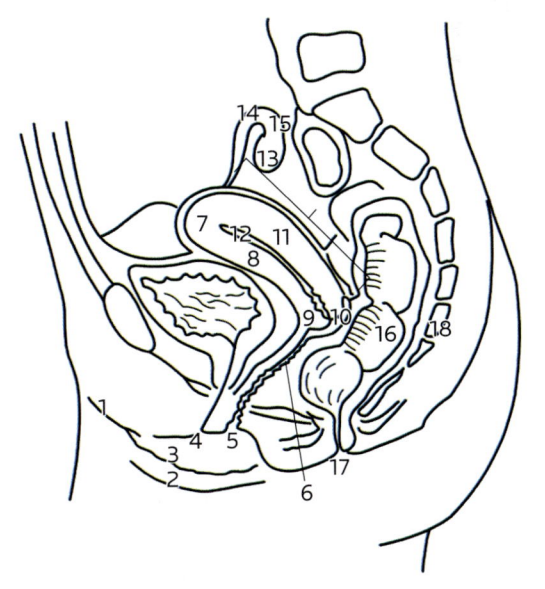

Figura 9.4 – Vista medial do corte sagital da pelve feminina.

SISTEMA GENITAL MASCULINO

O sistema genital masculino compreende vários órgãos, e sua função principal é depositar o sêmen, um líquido viscoso que contém espermatozoides, no sistema genital feminino. Os gametas, espermatozoide e óvulo se unem para desenvolver o ovo e iniciar uma nova vida.

A descrição desse sistema orgânico mantém uma sequência (Fig. 9.5), desde o órgão produtor dos espermatozoides até o órgão copulador, do qual os espermatozoides são lançados para o exterior em um meio líquido. Esses dois órgãos genitais – o **testículo** e o **pênis** – são externos e facilmente reconhecidos no cadáver. Mas, para identificar o testículo no interior do **escroto**, é preciso que ambos sejam dissecados.

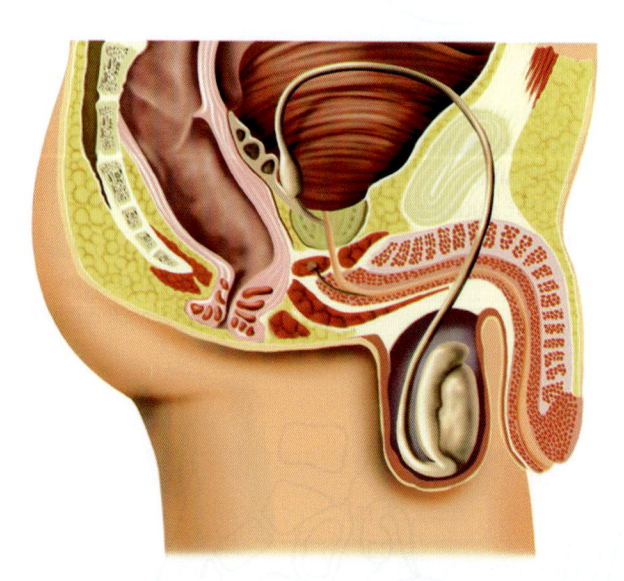

1. Pênis
2. Testículo
3. Escroto
4. Epidídimo
5. Ducto deferente
6. Próstata
7. Glândula seminal
8. Glândula bulbouretral
9. Parte esponjosa da uretra
10. Bulbo do pênis
11. Glande do pênis
12. Corpos cavernosos
13. Óstio externo da uretra
14. Ligamento suspensor

Figura 9.5 – Vista medial do corte sagital da pelve masculina.

O escroto tem forma de bolsa ou saco, e o septo do escroto, uma lâmina mediana de tecido conectivo, divide-o em dois compartimentos, em cada um dos quais se aloja um corpo túrgido, ovoide, de 5 cm de comprimento, o testículo. Por ser oval, o testículo tem dois polos, um polo superior e um polo inferior.

Sob a pele do escroto há uma camada de músculo liso, a túnica dartos, que quando se contrai enruga a pele. Abaixo dessa túnica, há uma camada mais espessa, a fáscia espermática externa e, em seguida, mais profundamente, a fáscia espermática interna. Entre as duas fáscias, dispõe-se o músculo cremaster, um elevador do testículo

SAIBA MAIS

Quando o músculo cremaster se contrai (p. ex., no frio), aproxima o testículo da cavidade abdominal, possibilitando que seja fornecida a ele uma temperatura mais elevada e constante.

derivado do músculo oblíquo interno do abdome. Por fim, a túnica vaginal, com suas lâminas parietal e visceral, é a última camada que envolve o conteúdo do escroto.

O revestimento direto (íntimo) do testículo é uma cápsula conjuntiva espessa, a túnica albugínea, da qual partem vários séptulos do testículo que o dividem em lóbulos (uma massa esponjosa). No interior dos lóbulos encontram-se os túbulos seminíferos contorcidos, onde são formados os espermatozoides. Entre esses túbulos, existem células intersticiais, que secretam hormônios.

Há uma transição dos túbulos, de contorcidos para retos, que se unem para formar a **rede do testículo**. Dessa partem pequenos ductos que deixam o testículo em direção ao epidídimo: são os dúctulos eferentes. Esses dúctulos se reduzem em um único ducto, o ducto do epidídimo, que percorre todo o interior do epidídimo.

O **epidídimo** é um corpo alongado, em forma de letra C, aderido ao testículo, no qual os espermatozoides completam sua maturação. Nele são identificadas a cabeça (junto ao polo superior do testículo), o corpo e a cauda (junto ao polo inferior), que se transforma no longo ducto deferente, com cerca de 40 cm e uma espessa parede muscular.

Na área da transição cauda-ducto deferente, os espermatozoides ficam armazenados esperando o momento da ejaculação. Na ocasião propícia, contrações musculares durante a ejaculação os movimentam até o ducto deferente, que percorre uma espécie de túnel, o canal inguinal, antes de penetrar na cavidade abdominopélvica. O canal inguinal é uma via de mão dupla para a passagem de vasos e nervos além do ducto deferente; a esse conjunto dá-se o nome de **funículo espermático**.

Naturalmente, os espermatozoides são transportados sempre em meio líquido (uma secreção mucoide secretada principalmente no epidídimo). No ducto deferente, sua movimentação é facilitada pelos sucessivos movimentos musculares de compressão de suas paredes, que provocam sucção para seu transporte. Logo que penetra na pelve, o ducto deferente curva-se em direção à bexiga urinária e desce por sua face posterior, sempre abaixo do peritônio, até alcançar a próstata.

A **próstata** é um corpo globoso, único e mediano, que se localiza logo abaixo da bexiga urinária, acima do períneo e à frente do reto. Em uma peça dissecada, pode-se ver todo o trajeto inguinal e pélvico do ducto deferente, sua relação de proximidade com a bexiga urinária e a curva que faz em torno dela em direção à próstata.

No mesmo local em que o ducto deferente se alarga em ampola, a espessura de suas paredes é diminuída e ele termina na próstata. Nesse local também penetra o ducto excretor da glândula seminal, situada ao lado de cada ducto deferente e que secreta um líquido abundante. Ambos se unem na substância da próstata e formam um ducto único, o ducto ejaculatório, para ejetar o sêmen na parte prostática da uretra, por contrações musculares nas delgadas paredes membranosas da ampola e da glândula seminal.

O ducto deferente contém um escasso líquido com espermatozoides estocado em seu interior por períodos de meses e, durante a ejaculação, o propele em direção à uretra. A partir disso, cerca de 400 milhões de espermatozoides se movimentam no líquido abundante, que contém elementos ativadores para eles e dele retiram fonte de energia (fundamentalmente frutose produzida na glândula seminal). Além disso, o sêmen é alcalino e, portanto, protetor dos espermatozoides que são lançados no meio ácido da vagina (pH 4 a 4,5), após percorrer a parte esponjosa da uretra.

A próstata é secretora de um líquido leitoso que se associa ao produto da glândula seminal para formar a composição final do sêmen. Dessa forma, além dos ductos ejaculatórios desembocarem na parte prostática da uretra, dúctulos prostáticos, contendo suco prostático, terminam no mesmo local. A seguir, o conjunto desses líquidos continua seu trajeto uretral.

Depois do trajeto intraprostático, a uretra tem sua segunda e mais curta parte, a parte membranácea, que atravessa a membrana do períneo. Logo atrás dela, encontra-se um par de pequenas formações arredondadas, as duas glândulas bulbouretrais, cujos ductos se esvaziam na própria uretra, mais especificamente na parte esponjosa da uretra, no bulbo do pênis.

O **bulbo do pênis** é a extremidade posterior dilatada do corpo esponjoso, circundado pelo músculo bulbouretral. Esse músculo se contrai ritmicamente para propelir o sêmen (ou a urina) pela uretra. Durante a ejaculação, também ocorre a contração de um músculo esfíncter interposto entre a bexiga urinária e a uretra, impedindo que a urina seja liberada ou que o sêmen penetre na bexiga urinária.

O **corpo esponjoso** é um dos três corpos eréteis do pênis – aquele que inicia por uma extremidade distal dilatada, a glande do pênis, recoberta por pele (prepúcio) se continua adaptado ventralmente a um sulco formado pela união dos dois corpos cavernosos. O **óstio externo da uretra**, que se abre para o exterior, fica na extremidade da glande.

Os **corpos cavernosos são formados por tecido erétil,** com espaços que se enchem de sangue quando há estimulação sexual, pela ação parassimpática, para tornar o órgão rijo. Os dois corpos são fundidos no plano mediano pela união do tecido fibroso denso formador da túnica albugínea que reveste cada um dos corpos cavernosos; posteriormente, eles divergem formando os ramos do pênis.

Os **ramos do pênis** (entre os quais se localiza o bulbo do pênis) são as extremidades distais dos corpos cavernosos, que fazem parte da raiz do pênis e têm fixação no osso púbis. A fixação do pênis, para a sua sustentação, completa-se com o ligamento fundiforme, com origem na linha alba do abdome, e o ligamento suspensor, com origem na sínfise púbica.

10

Sistema urinário

PAULO HENRIQUE FERREIRA CARIA
MIGUEL CARLOS MADEIRA

Os produtos finais do metabolismo, como excesso de água, íons, sais, catabólitos nitrogenados e dióxido de carbono, são eliminados pelos pulmões, pela pele, pelos intestinos e pelos rins, a fim de regular o meio interno e manter a homeostase, que é o estado de equilíbrio nas funções, como o equilíbrio eletrolítico do sangue e dos tecidos. Mas é a filtragem do sangue para sua purificação, ocorrida nos rins, a grande responsável pela remoção das substâncias tóxicas, pela regulagem do volume e composição do sangue e, por extensão, pela regulagem da pressão arterial. Na Figura 10.1, é apresentada a disposição das estruturas do sistema urinário na pelve masculina e feminina.

OBJETIVOS DE APRENDIZAGEM

- Conceituar e identificar as partes do sistema urinário
- Reconhecer os elementos constituintes do sistema urinário
- Identificar as partes do rim e o trajeto da urina

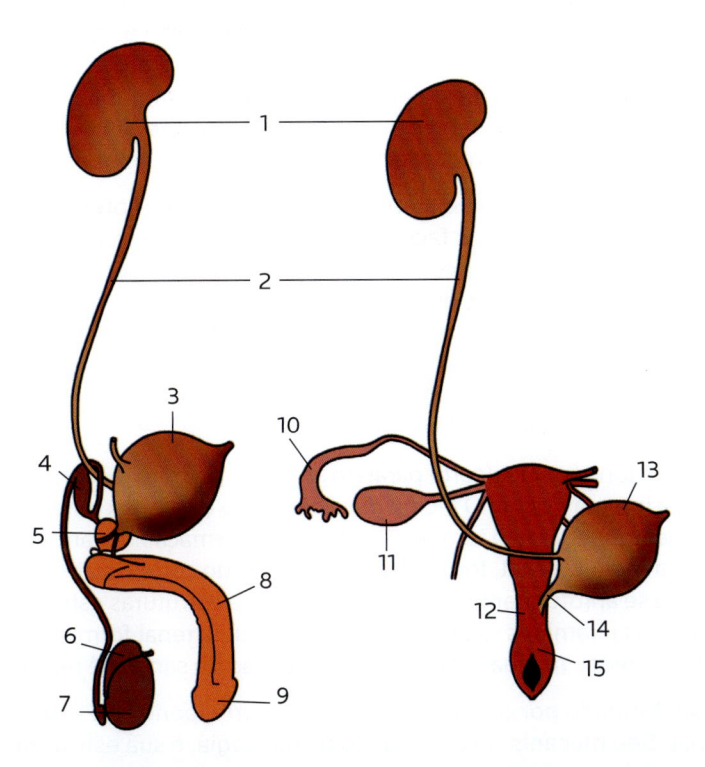

1. Rim
2. Ureter
3. Bexiga urinária
4. Vesículas seminais
5. Próstata
6. Epidídimo
7. Testículo
8. Pênis
9. Glande
10. Tuba uterina
11. Ovário
12. Canal vaginal
13. Bexiga urinária
14. Uretra
15. Bulbo do vestíbulo

Figura 10.1 – Desenho esquemático da disposição das estruturas do sistema urinário na pelve masculina e feminina.

LEMBRETE

Por estarem localizados atrás do peritôneo, os rins são descritos como órgãos retroperitoneais.

Os **rins** (Fig. 10.2) situam-se na região lombar, nos lados da coluna vertebral, na parede posterior da cavidade abdominal. O rim direito fica cerca de meia vértebra abaixo do esquerdo, em razão da relação do fígado com sua face anterior. A face anterior do rim esquerdo relaciona-se principalmente com o estômago e o pâncreas.

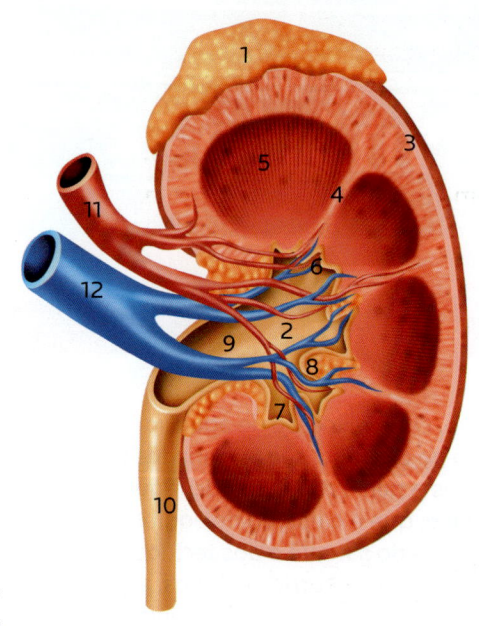

1. Glândula suprarrenal
2. Hilo renal
3. Córtex renal
4. Coluna renal
5. Pirâmide renal
6. Papila renal
7. Cálice renal menor
8. Cálice renal maior
9. Pelve renal
10. Ureter
11. Artéria renal
12. Veia renal

Figura 10.2 – Corte sagital do rim.
Fonte: Shutterstock.[1]

SAIBA MAIS

O sangue no corpo é filtrado aproximadamente 60 vezes por dia.

SAIBA MAIS

Um volume de 200 litros de sangue é filtrado por dia pelos rins, gerando 1,5 litros de urina, que é eliminada em 24 horas.

A identificação dos rins é fácil quando o peritônio, que os cobre, está seccionado e o estômago, o duodeno e o pâncreas são removidos. O que logo se observa é a cápsula adiposa que os reveste, as glândulas suprarrenais (aderidas ao polo superior de cada rim), a aorta abdominal, com suas artérias renais, as veias renais caminhando para a cava inferior e a fáscia renal, que fixa o rim à parede posterior do abdome e o mantém em sua posição.

Um rim separado ou avulso é alongado verticalmente e apresenta formato achatado, com suas faces anterior e posterior. A margem lateral tem curvatura maior, como no estômago, e a margem medial apresenta curvatura menor, no meio da qual aparece o hilo renal, a porta do rim, que dá passagem a vasos, nervos e ao ureter. Suas duas extremidades constituem os polos (superior e inferior). Seu revestimento externo, a cápsula fibrosa, é bem aderente ao tecido renal, e o tecido subjacente é o córtex renal.

Uma secção longitudinal (corte paralelo às faces) permite reconhecer a estrutura interna do rim. O tecido mais periférico é o córtex renal, já citado, que na secção não tem mais que 1 cm. A formação restante, mais interna, é a medula renal, formada por projeções do córtex, e as colunas renais, que se aprofundam no rim dispostas entre estruturas estriadas piramidais, as pirâmides renais. O córtex e a medula renal formam o parênquima renal, no qual a atividade de filtração do sangue é realizada.

O **néfron**, formado por glomérulo e túbulos, corresponde à estrutura funcional. Seu mecanismo é estudado na fisiologia, e sua estrutura (aspectos morfológicos microscópicos), na histologia. A enorme quantidade de néfrons (mais de um milhão) explica a grande capacidade de filtração do rim.

A diferença de coloração das pirâmides em relação ao córtex e às colunas renais permite identificar várias delas, com suas bases voltadas para o córtex e seus ápices, as papilas renais, que se projetam em direção ao interior dos cálices renais menores, de número variável. Cada papila, aberta na extremidade, desemboca em um cálice para verter a urina resultante da filtragem realizada nos néfrons.

Os cálices menores convergem, unindo-se uns com os outros para formar cálices maiores, cerca de três ou quatro. Estes, por sua vez, se unem para constituir a pelve renal, que é larga na confluência dos cálices e depois se estreita em forma de funil, até que sua extremidade se transforme no **ureter**, um tubo de aproximadamente 25 a 30 cm de comprimento que atravessa verticalmente parte da cavidade abdominal e pélvica para alcançar a bexiga urinária.

Além das partes abdominal e pélvica, há uma terceira parte, bem menor, a intramural, que não fica exposta. Ela percorre cerca de 2 cm no interior da parede da bexiga urinária antes de finalmente se abrir como o **óstio** do ureter. Dessa forma, por meio de movimentos peristálticos, pressão hidrostática e gravidade, o ureter transporta a urina produzida pelo rim para a **bexiga urinária** (Fig. 10.1), onde fica armazenada até a sua expulsão.

O armazenamento implica o enchimento da bexiga e seu consequente aumento de volume, com compressão de suas paredes. Com a bexiga repleta, a parte intramural do ureter fica comprimida e, portanto vedada, evitando assim um possível refluxo da urina. A bexiga pode conter, no adulto, cerca de 800 mL de urina, mas, quando sua capacidade atinge cerca de 400 mL, receptores captam a distensão em sua parede e desencadeiam a micção por meio de reflexos espinais.

A bexiga urinária é uma bolsa musculomembranosa mais ou menos esférica, forma esta que varia de acordo com o volume de urina que há em seu interior. A contração de fibras musculares longitudinais e circulares (no conjunto chamadas de músculo detrusor) provoca o esvaziamento da bexiga. Possui dois óstios para os ureteres despejarem a urina e outro para que a urina armazenada seja vertida. Esse óstio interno é o que se abre para levar a urina à **uretra** (Fig. 10.1).

A uretra é um tubo musculomembranoso. Na mulher, tem aproximadamente 4 cm de comprimento e 6 mm de diâmetro. Seu caminho é oblíquo para a frente e para baixo, até se abrir no exterior pelo óstio externo da uretra, localizado entre o clitóris e o óstio da vagina.

A uretra masculina é cinco vezes maior em comprimento e serve alternadamente aos sistemas urinário e genital. A urina que ela veicula atravessa inicialmente a próstata – na **parte prostática** (Fig. 10.1) da uretra, em que se abrem dúctulos prostáticos com seu suco prostático e dois ductos ejaculatórios que veiculam o sêmen. A seguir, a uretra atravessa o diafragma da pelve, em curto trajeto ao deixar a próstata e alcançar o bulbo do pênis, na **parte membranácea** da uretra.

LEMBRETE

Ao contrário da uretra feminina, a masculina serve a dois sistemas, o urinário e o genital.

O bulbo do pênis já pertence à parte esponjosa da uretra, cujo nome deve-se ao fato de atravessar todo o corpo esponjoso do pênis, em uma extensão de 15 cm aproximadamente. Finalmente, abre-se para fora do corpo por meio do **óstio** externo da uretra, localizado na glande do pênis.

Tal como acontece no caminho das fezes no canal anal, o curso da urina também se depara com dois esfincteres. O primeiro, na saída da bexiga, considerado interno, é de musculatura lisa e não pode ser controlado pelo indivíduo. O externo, na uretra, é de músculo estriado e, portanto, de controle voluntário.

Referências

Capítulo 3 – Sistema articular
1. Martini FH, Timmons MJ, Tallitsch RB. Anatomia humana + atlas do corpo humano. 6. ed. Porto Alegre: Artmed; 2009.
2. Marieb EN, Hoehn K. Anatomia e fisiologia. 3. ed. Porto Alegre: Artmed; 2009.

Capítulo 4 – Sistema muscular
1. Martini FH, Timmons MJ, Tallitsch RB. Anatomia humana + atlas do corpo humano. 6. ed. Porto Alegre: Artmed; 2009.
2. Marieb EN, Hoehn K. Anatomia e fisiologia. 3. ed. Porto Alegre: Artmed; 2009.
3. Velayos JL, Santana HD. Anatomia da cabeça e pescoço. 3. ed. Porto Alegre: Artmed; 2004.

Capítulo 5 – Sistema nervoso
1. Shutterstock. Different kinds of neurons: vector scheme structure of a typical neuron [Internet]. New York: Shutterstock; c2013 [capturado em 22 ago. 2013]. Disponível em: http://www.shutterstock.com/pic.mhtml?id=126217886&src=id.
2. Shutterstock. Cross section of the spinal cord [Internet]. New York: Shutterstock; c2013 [capturado em 22 ago. 2013]. Disponível em: http://www.shutterstock.com/pic.mhtml?id=74226298&src=id.
3. Machado A. Neuroanatomia funcional. São Paulo: Atheneu; 1991.
4. Shutterstock. Parasympathetic pathway of the ANS [Internet]. New York: Shutterstock; c2013 [capturado em 22 ago. 2013]. Disponível em: http://www.shutterstock.com/pic.mhtml?id=106263551&src=id.
5. Shutterstock . Sympathetic pathway of the ANS [Internet]. New York: Shutterstock; c2013 [capturado em 22 ago. 2013]. Disponível em: http://www.shutterstock.com/pic.mhtml?id=106263560&src=id.

Capítulo 6 – Sistema circulatório
1. Shutterstock. Human heart anatomy from a healthy body isolated on white background as a medical health care symbol of an inner cardiovascular organ [Internet]. New York: Shutterstock; c2013 [capturado em 22 ago. 2013]. Disponível em: http://www.shutterstock.com/pic.mhtml?id=91378037&src=id.

Capítulo 7 – Sistema digestório
1. Shutterstock. Human digestive system cross section. 2 D digital rendering [Internet]. New York: Shutterstock; c2013 [capturado em 22 ago. 2013]. Disponível em: http://www.shutterstock.com/pic.mhtml?id=73841845&src=id.

2. Shutterstock. Human Stomach and health care symbol of the digestive system featuring the abdominal internal organ that digests food or an icon of dieting and gastric surgery as a medical illustration on white [Internet]. New York: Shutterstock; c2013 [capturado em 22 ago. 2013]. Disponível em: http://www.shutterstock.com/pic.mhtml?id=99364532&src=id.

3. Shutterstock. Stomach human cross section. 2 D digital illustration, on white background with clipping path [Internet]. New York: Shutterstock; c2013 [capturado em 22 ago. 2013]. Disponível em: http://www.shutterstock.com/pic.mhtml?id=90859745&src=id.

4. Martini FH, Timmons MJ, Tallitsch RB. Anatomia humana + atlas do corpo humano. 6. ed. Porto Alegre: Artmed; 2009.

5. Shutterstock. Internal organs set [Internet].]. New York: Shutterstock; c2013 [capturado em 22 ago. 2013]. Disponível em: http://www.shutterstock.com/pic.mhtml?id=123547927&src=id.

6. Shutterstock. Vector. Pancreas, liver, duodenum and gall bladder [Internet]. New York: Shutterstock; c2013 [capturado em 22 ago. 2013]. Disponível em: http://www.shutterstock.com/pic.mhtml?id=68179060&src=id.

Capítulo 8 – Sistema respiratório

1. Shutterstock. Human full respiratory system cross section. 2D digital rendering [Internet]. New York: Shutterstock; c2013 [capturado em 22 ago. 2013]. Disponível em: http://www.shutterstock.com/pic.mhtml?id=73841773&src=id.

2. Marieb EN, Hoehn K. Anatomia e fisiologia. 3. ed. Porto Alegre: Artmed; 2009.

Capítulo 9 – Sistema genital

1. Marieb EN, Hoehn K. Anatomia e fisiologia. 3. ed. Porto Alegre: Artmed; 2009.

Capítulo 10 – Sistema urinário

1. Shutterstock. Human kidney medical diagram with a cross section of the inner organ with red and blue arteries and adrenal gland as a health care and medical illustration of the anatomy of the urinary system [Internet]. New York: Shutterstock; c2013 [capturado em 22 ago. 2013]. Disponível em: http://www.shutterstock.com/pic.mhtml?id=102191371&src=id.